La Folie des chats

Claude Béata

La Folie des chats

Préface
de Boris Cyrulnik

Odile
Jacob

15, rue Soufflot, 75005 Paris

www.odilejacob.fr

ISBN : 978-2-7381-5720-1

Préface

Le fait d'écrire de manière agréable n'empêche pas Claude Béata, clinicien vétérinaire formé à la science de l'éthologie, de raconter des anecdotes qui posent des problèmes philosophiques.

Depuis que les chats nous côtoient, leurs comportements ont évolué. Ils restent des chats, bien sûr, ils ne peuvent pas ne pas chasser, se mettre à l'affût et bondir gracieusement sur tout ce qui bouge. Un chat est un chat, un prédateur rapide, silencieux et élégant qui, avec ses petites dents, peut découper une proie trois fois plus grosse que lui. Mais le simple fait de vivre dans un monde d'êtres humains embarqués dans une civilisation où l'affolement technologique rompt les rythmes d'alternance de travail et de repos, de la chasse et de la paix, provoque des changements biologiques et des troubles comportementaux, chez l'homme comme chez l'animal.

La vieillesse est un produit de la civilisation. En milieu non humain, un chat vit trois ou quatre ans, mais, dans un milieu humanisé par les objets techniques, le même programme génétique le fait mourir entre quinze et vingt ans. Avant l'explosion néolithique, il y a 8 000 à 10 000 ans, les squelettes de

Monsieur et Madame *Sapiens* dépassent à peine la trentaine. Aujourd'hui une petite fille sur deux deviendra centenaire, et les hommes frôleront les 90 ans.

Tiens ? Il y aurait donc un programme commun entre les hommes et les animaux ? Le monde créé par la civilisation modifie l'expression d'un programme génétique de chat ou d'être humain. La coupure entre l'homme et l'animal correspondrait-elle à un désir de croire et non pas à une observation clinique ?

C'est en clinicien que Claude Béata nous apprend ce que lui ont appris les chats. Un chaton isolé, privé de toute relation, ne peut pas devenir chat. Il a besoin d'un autre pour devenir lui-même. Mais, quand cet autre est absent ou altéré, le chaton se développe difficilement. Son cerveau rendu dysfonctionnel par les stimulations altérées du milieu (appauvrissement ou au contraire surstimulation) ne peut pas provoquer la maturation de ses comportements de chat.

Quand tout se passe bien, un chaton apprend son métier de chat en jouant à se bagarrer avec ses frères et ses sœurs, et en attrapant la queue de sa mère. Ces petites bagarres et ces brèves agressions ne provoquent aucune hostilité, mais, quand le chaton forcit, son poids et ses dents infligent une douleur qui oblige la mère à réagir : un simple feulement, un souffle surprenant sur le museau du petit, une patte levée, menaçante mais sans sortir les griffes suffit à freiner la joueuse agression du petit. Un félin nourri au biberon par un être humain n'apprend pas à freiner cette nécessaire agression, ce qui entraîne un défaut d'apprentissage des rituels d'interaction. Le jeune chat va mal se socialiser.

Claude Béata nourrit son livre avec de nombreux exemples. Nous adorons nous occuper de ces merveilleux petits tigres, mais, lorsqu'il y a eu une difficulté développementale, le petit fauve devient inquiétant et on appelle à l'aide l'art vétérinaire.

J'ai connu Claude Béata peu après sa sortie de l'école vétérinaire quand il désirait s'intéresser à une psychiatrie animale. Dans sa formation médicale il n'y avait aucun enseignement de ce genre. Les vétérinaires devaient affronter des problèmes cliniques qu'aucun enseignement ne leur avait appris à résoudre. Au début des années 1980, il n'y avait que deux livres pour les aider : *Psychiatrie animale*[a] et *Mémoire de singe et paroles d'hommes*[b]. Le contexte social de la connaissance commençait à se demander si vraiment l'homme était de nature surnaturelle[c] et n'avait rien de commun, donc rien à apprendre des animaux. Edgar Morin proposait d'intégrer les disciplines au lieu de les opposer, ce qui fragmentait le savoir[d]. Une attitude darwinienne face au mystère du monde vivant tentait de se mettre en place, mais elle a été très peu suivie. Dans la culture générale, on nous reprochait de « rabaisser l'homme au rang de l'animal », et les universités donnaient le choix entre des explications uniquement biologiques ou uniquement psychanalytiques. Il était pourtant facile de vérifier que Freud avait des raisonnements évolutifs, darwiniens, associant la biologie à l'environnement[e], tandis que Lacan a été un des premiers à citer l'éthologie animale pour expliquer le psychisme humain[f]. La doxa est tellement puissante que la culture et l'université

a. Brion A., Ey H., *Psychiatrie animale*, Paris, Desclée de Brouwer, 1964.

b. Cyrulnik B., *Mémoire de singe et paroles d'hommes*, Paris, Hachette, 1983.

c. Moscovici S., *Hommes domestiques et hommes sauvages*, Paris, Union générale d'édition, 1974.

d. Morin E., *L'Unité de l'homme*, Paris, 10/18, 1970.

e. Ritvo L., *L'Ascendant de Darwin sur Freud*, Paris, Gallimard, 1992.

f. Lacan J., *Le Séminaire*, livre II : *Les Psychoses, 1955-1956*, Paris, Seuil, 1981, p. 108. Et « Propos sur la causalité psychique », *L'Évolution psychiatrique*, 1947, p. 38-41.

ne voulaient pas entendre parler de ces données naturalistes et expérimentales.

Il a donc fallu que Claude Béata rassemble les vétérinaires désireux de découvrir un monde vivant animal et humain, évolutif et intégratif. L'université de Toulouse lui a permis d'organiser un diplôme d'université remarquable où les étudiants déjà praticiens font preuve d'un talent d'observation clinique et de manipulation expérimentale. Plusieurs d'entre eux sont cités dans ce livre.

J'invite régulièrement Claude Béata dans mon propre enseignement à l'université de Toulon. Je suis assuré du résultat : je sais que son exposé sera agréable, amusant et convaincant grâce à son esprit et à la méthode que vous allez lire dans ce livre.

Il nous apprend à explorer un monde chat qui est différent d'un monde humain. Les contresens entre les chats et les humains ne sont pas rares, ce qui explique les difficultés relationnelles et parfois les agressions spectaculaires des chats. Mais, quand on parvient à comprendre ce qui s'est mal mis en place on peut y remédier et les améliorations sont fréquentes. Je ne connaissais pas le mot « schézipathie » (souffrance de la relation). Un chaton isolé précocement par une privation maternelle ne peut pas acquérir les orientations primordiales qui donnent le départ de la sociabilisation (de chat). La grave altération dont souffrent ces chatons isolés sensoriellement correspond en tout point à celle des bébés humains abandonnés. Mais, quand un substitut affectif est proposé, le plus tôt possible afin d'éviter que la dysfonction neuronale devienne une altération stable, on assiste à une reprise développementale que l'on nomme résilience.

Cette clinique de praticien décrite par Béata pose un problème philosophique : a-t-on le droit de parler de « folie animale » quand on constate un trouble ? Dans les années 1960, quand je commençais à m'intéresser à ce phénomène, les publications parlaient de « névrose animale[g] ». Or le mot névrose a disparu des classifications internationales. Et le mot « folie » ne veut rien dire. Peut-on dire qu'un chat est psychotique et qu'il est coupé de la réalité ? Je pense plutôt que les chats au comportement troublé ont été altérés par un accident développemental. Quand on découvre la défaillance, on peut souvent agir sur elle, comme une sorte de kinésithérapie relationnelle. La rééducation est souvent très bonne, pour le bonheur de tous.

Nous en étions là dans les années 1980 quand nous subissions des débats idéologiques, presque métaphysiques : l'homme n'a rien à voir avec la nature. Il la domine, c'est tout. Il domine les animaux, il domine les femmes, les enfants et les autres hommes faibles. C'est ainsi qu'on a composé une aristocratie, tracé des frontières, imposé sa religion et la langue maternelle. L'ordre régnait grâce à la domination, mais c'était l'ordre des cimetières.

C'est alors que le virus est arrivé ; il a arrêté la course à la production, interrompu les voyages, confiné les individus et a permis de découvrir, comme une évidence, ce que nous ne voulions pas voir : l'homme n'est pas coupé des animaux, il est parmi eux. Le virus est un produit de la civilisation. Il y a des millions de virus en nous et autour de nous, souvent bénéfiques puisqu'ils participent à la synthèse de neuromédiateurs qui nous stimulent et nous euphorisent. Mais, quand, pour produire plus de viande, nous organisons d'immenses élevages et détournons les végétaux, nous provoquons des associations d'ADN de cochons et d'oiseaux qui inventent des mutations,

g. Brunelle L., *Les Névroses expérimentales*, Paris, Raison présente, 1967.

des virus nouveaux toxiques pour nos organismes. Ensuite, nos merveilles techniques comme les bateaux et les avions répandent sur la planète ces virus mutés qui provoquent des dizaines de millions de morts.

Cette expérience tragique qui existe depuis le néolithique, depuis que nous « domestiquons » les animaux et les végétaux, prouve que l'homme ne flotte pas au-dessus de la nature, il est dans la nature, parmi les plantes, les cours d'eau et les animaux. 70 % des maladies humaines sont des zoonoses, des maladies venues des animaux. La réponse est claire : si nous maltraitons les animaux, si nous les rendons malades, nous disparaîtrons de la planète avec eux.

Alors, nous avons intérêt à mieux les comprendre, pour mieux les épanouir et partager avec eux des moments de bonheur. Voilà ce que j'ai appris en côtoyant Claude Béata et les chats de son livre.

Boris CYRULNIK.

Introduction

Elle est là, tapie au sol. Noire.

Je suis face à elle. Elle est impressionnante.

Quiconque s'est retrouvé face à un félin prêt à attaquer sait de quoi je parle.

Ses oreilles sont aplaties sur la tête au point de disparaître, lui donnant l'air d'un samouraï.

Elle me fixe et il y a dans son regard intense la promesse d'un combat sans merci. Son corps est ramassé, je sens la puissance des muscles qui se préparent à l'attaque et je sais que je n'aurai que peu de chance d'échapper aux crocs aiguisés et aux griffes qui lacèrent. Je me déplace un peu pour échapper au malaise que cette menace incarnée fait peser sur moi, mais, comme un guerrier au sommet de son art, ses yeux ne me quittent pas et son déplacement imperceptible ne me laisse aucune ouverture.

Pourtant, il y a cinq minutes encore, je n'étais pas loin de pouvoir la toucher, j'ai même rêvé de la caresser. Je sentais déjà sous ma main la douceur du poil, la souplesse du corps. Je prévoyais l'abandon, la communion matérialisée par la vibration sourde, mais un geste à peine maladroit a rompu le pacte et maintenant tout est à refaire. Mon statut a changé : je suis l'ennemi, celui dont on se défie et dont chaque geste sera interprété comme une attaque et déclenchera une riposte.

Je sais qu'elle a peur. Et moi aussi.

Et pourtant… elle pèse quelques kilos et moi beaucoup plus, cela ne rend pas pour autant l'issue de l'affrontement plus prévisible.

Nous sommes face à face, moi alors jeune vétérinaire et elle demoiselle chat venant pour une intervention de routine. Profitant d'un instant d'inattention, elle s'est faufilée hors de sa cage et maintenant elle est prête à se défendre. Je la trouve très séduisante dans sa détermination. Je m'accroupis et je lui parle en faisant attention à ne déclencher ni la fuite ni l'attaque. Je lui dis à quel point je la trouve courageuse, impressionnante. Que j'ai choisi ce métier pour la soigner, l'aider à mieux vivre dans notre monde et m'occuper de son bien-être. Ses oreilles remontent un peu, ses yeux clignent et elle semble me dire que j'ai beaucoup de chemin à faire, qu'il me reste tant à apprendre pour mieux communiquer avec son espèce, et avec elle en particulier. Je lui présente mes excuses mais cela ne suffit pas : la confiance perdue ne se regagne pas si vite. Il faudra un bon quart d'heure pour arriver à attraper la belle sans dégâts et pour prendre ma première leçon.

Ce jour-là, c'était hier, il y a trente-cinq ans, je lui ai promis et je me suis promis de progresser. Je ne crois pas que le chemin soit fini mais récemment j'ai fait un rêve étrange : j'étais habillé comme le sont mes étudiants lors de la remise des diplômes, toge, mortier et pompon sur la tête, mais le jury n'était composé que de chats. Ils étaient nombreux et ils me paraissaient familiers. J'ai reconnu des chats de ma vie, Minou, Chiquita, Al mon pote, Opium, Moustache, Flora, mais aussi des chats que j'avais soignés, Nougatine, Hannibal, Nougat. Ils m'ont appelé à l'estrade et m'ont remis mon diplôme… traducteur en langue féline et la présidente du jury qui ne pouvait être que First, cette première rencontre professionnelle qui m'a tant marqué, a fait une brève déclaration : « Nous sommes les chats, seigneurs des légendes anciennes et icônes des réseaux sociaux. Nous avons parfois été réputés pour nos qualités, même divinisés mais aussi martyrisés, cloués sur les portes des granges et honnis pour des défauts imaginaires. Je ne suis pas sûre que nous ayons été compris. » Elle m'a adressé une demande, celle d'écrire ce livre. « Peux-tu nous aider ? Tu nous dois bien ça. Explique à quel point nous sommes à la fois faciles à comprendre et complexes dans notre variété de comportements. Explique que, si nous sommes les êtres les plus mignons quand nous sommes chatons, nous méritons mieux qu'une gloire éphémère sur Internet. Nous sommes riches d'un répertoire presque infini de comportements, et cette richesse fait aussi notre fragilité. Toi qui nous as soignés, nous te donnons la mission de décrypter cette folie autour de nous et celle qui est parfois en nous, d'expliquer comment ce que nous sommes peut déclencher de la souffrance psychologique. Et que, si notre cerveau est assez complexe pour nous permettre de nous adapter à presque tout, il est assez fragile pour parfois nous rendre "fous". »

Aujourd'hui ma promesse est tenue et vous l'avez entre les mains : ce livre, imparfait sans doute, encore insuffisant, sera-t-il à la hauteur de mon engagement ? Alors, en esprit, ma main touche le poil de ma première rencontre et son ronronnement apaise l'incertitude qui ne saurait finir.

CHAPITRE 1

Le Joker ou la double nature du chat

« Dieu a créé le chat pour que l'homme ait un tigre à caresser chez lui. »

Victor Hugo

Qui a vu son chat à l'affût, ou ramenant une proie chassée avec patience et précision, qui s'est trouvé comme moi en face d'une First décidée à se battre ou qui a vu une chatte défendre sa portée en face d'un chien dix fois plus gros qu'elle, n'ignore pas l'adaptation presque parfaite de ce félin au combat. Mais pourquoi vivre avec une telle arme par destination ? Ceux qui ont reconnu le chasseur ont aussi vu la capacité d'attachement, le sentiment de choix et non pas d'automatisme qui rend la relation si précieuse. Parce que notre vie commune avec le chat est beaucoup plus récente qu'avec le chien, nous pouvons encore avoir la sensation d'inviter chez nous une étincelle de vie sauvage.

Un Nougat bien amer…

Oui, parfois, nous avons l'impression que le tigre n'est pas loin…

Quand j'ai essayé de soigner Nougat, jeune chat européen, plusieurs fois j'ai pensé que je ne pouvais pas oublier qu'en face de moi, dans le corps d'un chaton, il y avait déjà toutes les possibilités d'un grand félin.

Ce jour-là, quand Angèle m'appelle pour son chaton de 4 mois, elle ajoute qu'elle est en fauteuil roulant et qu'il lui est très difficile de se déplacer. Nous convenons alors d'un rendez-vous à domicile, exercice toujours périlleux quand il s'agit d'apprécier le comportement d'un chat.

Il m'est arrivé de ne pas voir l'animal pour lequel je m'étais déplacé : une cliente m'avait convaincu, quand j'exerçais encore la médecine générale, de venir vacciner son chat à domicile pour lui épargner les affres du déplacement et éviter le combat que chaque visite à la clinique engendrait : « Vous verrez, à la maison, il sera charmant. » Je n'y croyais pas beaucoup, mais, sensible à l'émotion extrême qui envahissait ce patient, j'avais accepté de tenter l'aventure. Devant la porte, je pose le doigt sur la sonnette et avant même d'avoir pu avertir de ma présence, j'entends le chat souffler à l'intérieur. Quand ma cliente me fait pénétrer dans l'appartement, elle est désolée et me dit : « Je ne sais pas comment mais il a su que vous étiez-là et il est parti se réfugier en haut de l'armoire. » Et là dans cet endroit qui lui donnait l'avantage de la hauteur, peu sensible à l'intérêt pourtant majeur de la protection vaccinale, il était prêt à défendre sa peau au prix de nos mains ou de nos visages. Il a fallu renoncer et reprendre rendez-vous à la clinique.

Je fais part de cette inquiétude à la propriétaire de Nougat, mais elle me rassure sur le fait que Nougat sera bien visible. Quand j'arrive, Angèle est accompagnée d'Agnès, une voisine qui l'aide au quotidien dans les tâches domestiques : elle connaît bien Nougat depuis son arrivée et elle le résume en un seul mot : « C'est un diable ! »

À peine suis-je installé à une table pour prendre les renseignements, connaître la courte histoire de ce chat et les principaux symptômes qu'il se manifeste. Il saute sur mes genoux puis sur la table. De là, il saute sur la télé (une assez large…) et renverse un petit pot contenant une plante grasse… « C'est tout le temps comme ça, soupire Angèle. Je n'ai jamais vu un chat aussi maladroit. »

Aujourd'hui, même si nous n'avons pas encore introduit ce critère dans le diagnostic du syndrome hypersensibilité-hyperactivité (HsHa), j'en fais un élément majeur dans mon analyse sémiologique. Nous connaissons les chats pour leur extrême adresse qui leur permet d'atterrir parfois au milieu d'une rangée de bibelots sur le manteau d'une cheminée sans rien renverser. Alors, voir un chat prendre si peu de précautions pour calculer ses mouvements qu'il est capable de faire beaucoup de dégâts, cela signe un déficit des autocontrôles. Cette capacité, automatique, non intentionnelle de coordonner et de contrôler des mouvements essentiels concerne, chez le chien, la locomotion et la morsure ; et nous connaissons aujourd'hui la prévalence importante du syndrome HsHa dans l'espèce canine[1]. Chez le chat, à ces deux autocontrôles déjà évoqués chez le chien, il faut ajouter la maîtrise des griffades.

Il est donc rare qu'un chat soit juste maladroit : quand cela nous est signalé, nous vérifions deux points : le style de maladresse et son degré de dangerosité.

Quel sens donner à sa maladresse ?

• Est-ce de la maladresse ou de la communication ? De nombreux chats font tomber leur gamelle vide à l'heure du repas tout en maîtrisant à la perfection leurs mouvements : dans ce cas-là, c'est juste un message, un rappel de la part du chat de l'horaire et une demande ferme de ne pas oublier de subvenir à ses besoins. Cela n'a aucune signification pathologique.

• Sa maladresse l'a-t-elle déjà mis en danger ? Comme les chiens hyperactifs sont beaucoup plus sujets aux accidents de la vie domestique, les chats HsHa paient eux aussi un lourd tribut. Chats « parachutistes » qui tombent trop souvent des balcons pour que cela soit un hasard, chats avaleurs d'objets non comestibles par voracité et par absence de précaution : les occasions de les voir en consultation de médecine générale ou de chirurgie sont nombreuses et, aujourd'hui, la plupart des vétérinaires alertent les propriétaires sur le côté anormal de ces comportements et sur la possibilité d'une prise en charge.

Avec Nougat, nous n'en sommes pas encore là… il m'observe, trônant sur la télé. Je fais bouger un stylo sur la table et il arrive à la vitesse de l'éclair. Angèle me prévient : « Attention quand il joue, c'est un tigre… » Tiens, revoilà le grand fauve ! Je provoque Nougat en cachant ma main sous la table et en grattant le plateau par en dessous puis en faisant apparaître mes doigts pendant un court instant. Pour un chat, cela reproduit le comportement assez classique des proies qui se cachent mais émergent à un moment ou à un autre du terrier. Nougat est vif comme l'éclair et il bondit sur ma main, toutes griffes et toutes dents dehors. Tous les contacts avec lui provoquent de légères blessures, et cela n'est pas normal. Quand les chatons jouent et si leur développement a été normal, ils sont capables de contrôler leur bouche et leurs griffes : ils miment la prédation, cela fait partie de leur apprentissage, mais c'est du jeu et cela ne fait pas mal. Nougat, lui, plante ses griffes et ses dents, et aussi bien Agnès qu'Angèle me confirment qu'elles ne jouent plus avec lui pour éviter les blessures. Comme personne ne joue avec lui, Nougat se stimule tout seul. Le joyeux désordre qui meuble cet appartement en fait un paradis pour chat : il y a des cachettes et la possibilité d'en exploiter les trois dimensions. Nougat produit sous mes yeux des comportements pour le moins bizarres : il saute et se cache dans un carton ouvert (jusque-là tout va bien, c'est le jeu préféré de beaucoup de chats) et, de là, il attaque un morceau de bolduc pourtant immobile. Il l'attrape entre ses pattes, le déchiquette puis il part en courant, en dérapant dans le couloir, et nous entendons tomber un objet. Le voilà qui revient aussi vite qu'il est parti, il est de nouveau sur mes genoux. J'essaie de le caresser avec douceur et avec lenteur mais le contact de ma main déclenche aussitôt une riposte : Nougat l'attrape avec ses deux antérieurs, griffes sorties, et il mord sans ménagement. Pourtant, rien dans son attitude n'indique une agression. La séquence est sans nul doute du jeu mais une fois de plus marqué par une absence quasi totale de contrôle. Pour vérification, je me comporte comme une chatte en train d'élever un chaton et je donne sans violence quelques tapes du bout des doigts sur le museau. Ceux qui ont déjà vu des mères chats élever leurs chatons savent qu'elles inculquent avec patience, fermeté et constance le contrôle des griffes et des dents. Cela peut prendre différentes formes.

Quand nous avons tourné un épisode du *Monde de Jamy*[2] sur le développement des bébés chiens et chats, nous avons suivi une chatte niebelung*, Letti, et sa portée. Une caméra a filmé en continu certaines journées et nous avons pu voir qu'elle passait beaucoup de temps à contrôler ses chatons. Comme elle le faisait sans arrêt, avec beaucoup de douceur mais sans faiblesse (quand un chaton lui passait dessus sans montrer assez d'égards, Letti l'attrapait entre ses pattes et l'immobilisait quelques secondes puis le laissait repartir), nous ne l'avons jamais vu sanctionner fort. Les chatons, quand ils reçoivent ce message, savent très vite qu'il faut s'immobiliser et attendre que les tapes amicales maternelles ou la pression s'arrêtent. Mais Nougat ne réagit pas du tout comme cela : quand j'envoie la main pour lui donner les pichenettes du doigt, aussitôt il envoie la patte avec force et, au bout de quelques secondes, il me fait saigner. J'insiste une fois de plus : les conséquences ressemblent à une agression, mais la séquence s'apparente davantage à du jeu ou à des réactions incontrôlées à la sanction pourtant très modérée.

Où en est-il de ses autocontrôles ?

Revenons à Nougat. Agnès s'écrie : « Vous voyez, on ne peut rien en faire. Il nous saute dessus, nous mord et, même quand nous essayons de jouer, nous nous retrouvons très vite en sang. Cela n'est pas possible pour Angèle dans son fauteuil avec ses traitements. »

L'amie d'Angèle se plaint des « attaques incessantes » du chaton. Je lui propose un exercice pour nous permettre d'apprécier la capacité d'évolution de Nougat. Elle commence à jouer avec lui, et, dès qu'il devient « pointu », je lui demande de cesser

* Chat gris bleu, qui ressemble à un bleu russe, mais à poil long.

toute interaction, de mettre ses mains sur sa tête et ainsi de « faire l'arbre », c'est-à-dire de ne plus bouger du tout et de ne même pas regarder son attaquant. Agnès s'exécute volontiers, Nougat commence à lui grimper dessus et à lui mordre les mains… à mon signe, Agnès se transforme en arbre, et ne bouge plus un cil. Le chaton est un peu étonné mais les chats ont plus de ressources que les chiens face à cette immobilité, en tout cas Nougat trouve la parade. Il s'approche des chevilles d'Agnès et lui pince assez fort la peau avec ses dents. Elle réagit, se remet en mouvement, ce qui déclenche de nouvelles réactions du chat. La partie n'est pas gagnée… et encore ce n'est un tigre que de 2 kilos…

En poursuivant le recueil des symptômes, nous allons pouvoir constater que Nougat remplit tous les critères d'un syndrome hypersensibilité-hyperactivité de stade 2. Il est vorace au point d'en être boulimique et, bien sûr, il est voleur. Il dort très peu, semble toujours en mouvement ou à l'affût. Aujourd'hui nous savons prendre en charge ces chats, et le double traitement – comportemental et médical – donne de très bons résultats qui permettent à ces chats de pouvoir être gardés et de s'insérer dans la vie familiale. À cette époque où les téléviseurs étaient encore assez larges pour servir de plate-forme d'atterrissage ou d'envol pour les chatons, j'ai hésité à donner tout de suite le psychotrope adéquat à un chaton de 4 mois. C'est un défaut de régulation de certains neurotransmetteurs, surtout la sérotonine qui est à la racine de ce trouble du développement, et une de nos molécules de choix est la fluoxétine (le Prozac®). Par malheur, le produit a souvent une épouvantable réputation et tout le monde a pris ou connaît quelqu'un qui a pris cet antidépresseur avec des résultats très mitigés. Nous, nous l'utilisons comme médicament de contrôle, et il a sauvé la vie de milliers de chiens et de chats en leur permettant – toujours avec l'aide d'une thérapie comportementale – de récupérer leurs autocontrôles. En ce temps-là, la théorie disait qu'il fallait attendre la fin du développement pour utiliser un tel produit, donc pas avant 6 ou 8 mois. Nougat a donc reçu un autre traitement qui ne le contrôlait pas assez, et Angèle et Agnès n'ont plus pu supporter les morsures et les griffures dont les conséquences médicales auraient pu être désastreuses. Je n'ai su que quelques semaines après que Nougat avait été donné à une amie qui avait une maison à la campagne : j'ai compris les raisons de ce choix et je n'ai pas jugé. Mais ne vous réjouissez pas de cette vie à l'extérieur pour un chaton hyperactif : l'espérance de survie n'est pas très élevée quand les autocontrôles ne sont pas en place.

L'histoire de Nougat date de plus de dix ans mais elle est toujours restée dans mon esprit comme un avertissement et, après en avoir discuté avec des amis psychiatres qui nous accompagnent depuis longtemps, nous avons décidé que la limite que nous nous fixions était inutile. Aujourd'hui, si les symptômes le demandent, je n'hésite plus à donner de la fluoxétine dès l'âge de 3 ou 4 mois quand il s'agit de sauver la vie d'un chaton.

Cette absence de contrôle n'était pas la faute de Nougat : nous savons maintenant que les racines du mal mélangent vulnérabilité génétique et conditions de développement, et que la présence d'une mère elle-même équilibrée est un élément crucial pour la mise en place des autocontrôles.

N'oublions pas que tout près, sous la surface de notre chat domestique, la possibilité du sauvage est toujours présente, il est important de le savoir, d'en comprendre les racines et les conséquences. Les chats ne sont pas des petits chiens : ils sont différents dans leur répertoire comportemental, et l'histoire de Nougat nous rappelle à quel point tout déséquilibre peut faire resurgir le prédateur.

Felix 007 sur les traces de l'âge de pierre

Alors rappelons-nous…

Vingt mille ans après que les premiers chiens se sont rapprochés des humains et ont entamé avec eux une vie commune, un autre carnivore a choisi de partager leur quotidien.

Là où entre le chien et l'humain, avant tout, il y avait une structure sociale très proche et un intérêt commun, ce nouvel habitant a plutôt été embauché avec un contrat précis de tueur.

Nous lui avons dit : tu peux venir vivre avec nous, parfois profiter de nos restes, du lait de nos vaches, de la chaleur de notre feu mais à condition que tu nous débarrasses des souris et autres rats qui se délectent de nos récoltes. Le chat n'est venu vivre avec nous, autour de nous, qu'à l'instant où nous sommes devenus sédentaires et agriculteurs. Sa présence est un produit du changement radical de mode de vie des humains qui ont appris à s'accommoder de la présence d'un félin à côté d'eux malgré l'absence de confiance réciproque.

Vous êtes-vous déjà imaginé à la place de nos lointains ancêtres, en Asie ou en Afrique bien sûr mais même ici en France, à l'époque de la grotte de Lascaux ou de celle de Chauvet ? Tigre à dents de sabre – ils auraient disparu beaucoup plus tard (– 10 000 ans) que les premières estimations (– 500 000 ans) – ou lion des cavernes qui peuplait ces fameuses grottes, le félin évoque immédiatement une image de danger, de ruse et de risque de mort. Il agit seul, souvent dans l'ombre, il est fort, et l'association de ses crocs et de ses griffes ne laisse que peu de chances à la victime choisie. Dans l'imaginaire humain, cette peur atavique existe sans doute encore, et, quand Minou se prend pour un tigre ou pour un lion, il réveille en nous l'effroi de la proie.

Les premiers félins sont apparus il y a 12 ou 13 millions d'années, et les 37 membres de la famille *Felidae* ont conservé des caractéristiques très proches. Même les meilleurs spécialistes peuvent se tromper en essayant de différencier un crâne de lion de celui d'un tigre… Trois genres sont reconnus. Chez les *Panthera,* tout le monde rugit. Comme chacun le sait, seuls les guépards n'ont pas de griffes rétractables et constituent à eux seuls le genre *Acinonyx.* Quant à tous les autres « petits » chats, ils se retrouvent dans le genre *Felis.*

Les chats ne font rien comme les autres. Ils sont aujourd'hui l'animal de compagnie le plus recherché, mais, sauf à parler des chats d'élevage qui constituent une toute petite population, le terme de domestication n'est pas correct. En effet, pour pouvoir l'employer à bon escient, il faut que l'espèce dépende de l'homme pour sa reproduction, son élevage et tous les soins. Cette domestication change la morphologie de l'espèce qui s'éloigne de sa racine sauvage. Aujourd'hui encore, et malgré les efforts constants de beaucoup de protecteurs et de propriétaires, la reproduction des chats échappe encore au contrôle humain. J'ai déjà eu l'occasion d'écrire ce que j'en pense[3], mais, pour ceux qui n'auraient pas eu l'occasion de le lire, il me paraît important de le répéter : nous faisons fausse route en imposant une stérilisation massive, absolue de tous les chats de famille. Si les lois en préparation se confirment, les seuls chatons adoptables seront des chats d'élevage ou des chats de refuge.

Hypertypes… folie humaine

Or, aujourd'hui, je vois comme beaucoup de mes confrères les dégâts produits par une sélection absurde qui a conduit à l'existence d'hypertypes*, même si la prise de conscience actuelle va dans le sens d'une amélioration, je ne suis pas enthousiaste à l'idée de confier l'avenir de l'espèce aux éleveurs. Vous ne le savez peut-être pas mais chez le persan, par exemple, à un moment, les expositions récompensaient les faces concaves, c'est-à-dire des chats dont le nez était en arrière des yeux. Dans ce cas-là, la respiration est gênée et la qualité de vie ne peut pas être satisfaisante.

Nous, vétérinaires, sommes des sentinelles du bien-être mais souvent nous n'avons pas voix au chapitre dans les clubs de race, et nos mises en garde conduisent plus souvent à notre mise à l'écart qu'à une écoute attentive.

J'ai partagé ma vie pendant quelques années avec un chat sphynx, Galinette. Nous l'avons beaucoup aimée, elle était un individu unique, espiègle, affectueuse et nous l'avons aussi beaucoup pleurée. Mais pour moi ce n'était pas un chat : alors qu'elle avait accès à l'extérieur, sortir pour elle était un calvaire. Ses jolis yeux bleus ne supportaient pas le soleil et que dire de sa peau… le contact avec les plantes lui provoquait du prurit, des pustules pouvaient apparaître. D'elle-même, elle limitait beaucoup ses sorties…

Je suis trop sévère en disant qu'elle n'était pas un chat. Par exemple, elle était un grand prédateur mais pas comme les

* « Toute déviance sélective à partir de ce type racial idéal, concernant soit la conformation du sujet dans son ensemble, soit un élément de celle-ci, se traduisant par une expressivité… excessive, de particularités inscrites au standard de la race considérée… » (B. Denis).

autres : j'ai amusé des générations de vétérinaires en la montrant jouant à des simulateurs de chasse sur iPad : elle était capable de se concentrer pendant plus d'un quart d'heure... Je crois qu'un jour elle a dépassé 2 000 points sur « Game for cats ».

Si je m'insurge – et aujourd'hui les vétérinaires du monde entier sont mobilisés dans la même direction[4] – contre cette sélection excessive, c'est parce qu'elle est génératrice de souffrance. Galinette a souffert dès son plus jeune âge. Nous l'avons adoptée parce que, atteinte de calicivirose, elle était devenue invendable pour son éleveur, mais cela n'était pas lié à sa race. Elle n'a pas vécu longtemps (quatre ans) et elle est morte de l'équivalent d'une maladie de Charcot, une dégénérescence de la plaque neuromusculaire dont le diagnostic a été confié à un laboratoire de San Diego (Californie), et cela pouvait être (sans certitude) une conséquence de la sélection. Son inconfort quotidien était directement lié à sa particularité : l'absence de poils rendait sa peau très fragile, comme je l'ai déjà dit, et la séborrhée grasse qui survient souvent en absence de poils en a fait le seul chat de la famille qui a taché tous les tissus sur lesquels elle se couchait. Et, dans ses endroits de prédilection, les taches devenaient impossibles à nettoyer. Malgré cela – et parfois à cause de sa fragilité –, le lien a été très fort.

Je crois pouvoir dire qu'elle a été heureuse : nous l'avons connue joyeuse, joueuse à l'extrême, câline autant que nous pouvions le souhaiter. Si l'individu Galinette était une personnalité extraordinaire, sa race est une atteinte à la dignité des chats. Aujourd'hui, plusieurs pays ont commencé à légiférer pour interdire certaines races de chats (et de chiens bien sûr) quand la sélection d'un hypertype conduit à une altération du bien-être. Le fait de devoir recourir à la loi me paraît toujours dommage : cela veut dire que la raison n'a pas pu l'emporter. Cela risque aussi d'avoir comme conséquence la création d'un marché parallèle où les animaux vont être vendus avec encore moins de respect.

En Belgique, en février 2021, le Conseil wallon du bien-être animal a demandé l'interdiction en urgence de quatre races : le scottish fold, aux oreilles pliées qui connaît beaucoup d'adeptes, le manx, le munchkin, le twisty (ou kangourou) cat aux membres atrophiés ou tordus. Le Conseil a aussi demandé la création d'une commission spéciale pour quatre autres races : le persan, l'exotic, le sphynx et le rex devon. Si un tel organisme avait existé avant et avait été créé en France, un chat improbable aux yeux bleus et à la peau claire n'aurait pas traversé nos vies : nous aurions volontiers donné ces quelques années de relation affectueuse pour lui éviter autant de souffrance.

Tout cela pour vous dire que confier l'avenir de l'espèce féline aux seuls éleveurs ne serait pas raisonnable, et pourtant la très grande majorité d'entre eux vivent dans une passion « folle » pour leurs chats, et je ne doute pas que nous puissions aujourd'hui travailler tous ensemble à améliorer le bien-être de tous les chats de race en limitant de façon très importante les dérives liées aux hypertypes.

Une si longue attente

Quant aux chats de refuge, bien sûr il faut les adopter, mais ce n'est pas un sacrilège de dire que le risque de trouble comportemental est plus élevé chez eux.

Tout d'abord parce que certains ont été abandonnés à cause de problèmes de malpropreté ou d'agressivité (à elles deux ces plaintes correspondent à 80 % des motifs de consultation en médecine du comportement félin). La prise en charge des troubles n'est pas une constante dans les refuges : souvent ils ne se manifestent pas, ou peu, dans ces conditions très différentes, et le personnel vétérinaire ou bénévole n'est entraîné ni au diagnostic ni au traitement, qu'il soit biologique ou comportemental.

Quand les chats sont arrivés dans les refuges sans trouble, la vie en communauté trop importante peut en créer. Le contrôle du territoire, l'aménagement des différents champs est une exigence essentielle pour l'équilibre d'un chat*, et, quels que soient les efforts des bénévoles et des responsables d'association, c'est souvent mission impossible.

Signes objectifs de dépression

Si un jour vous vous rendez dans un refuge, vous verrez des colonies de chats se partageant l'espace. Les personnes qui s'en occupent déclarent assister à peu de combats, et, quand j'ai eu l'occasion d'y passer du temps, cette sensation a été confirmée.

En revanche, les éléments de dépression sont parfois manifestes : quand vous visitez ces endroits, vous trouverez surtout des animaux calmes. Si votre regard est plus expérimenté, vous verrez des chats aux poils piqués, emmêlés, signe qu'ils ont beaucoup diminué le temps consacré à leur toilette. C'est une manifestation de ce qui a été décrit en psychologie expérimentale comme l*a résignation acquise ou impuissance apprise (learned helplessness).* Cette notion a été décrite dans le milieu des années 1960 par Martin Seligman et Steven Maier[5] chez le

* Voir chapitre 2, p. 59.

chien aux termes d'expériences sur lesquelles nous ne reviendrons pas. Il est toujours dangereux de juger le passé à l'aune des connaissances et des valeurs actuelles. En tout cas, leur théorie a établi que, pour authentifier une résignation acquise, il fallait trois éléments : une absence de contingence (les tentatives d'action n'ont pas d'effet sur la situation), une capacité de cognition et une réponse comportementale. Leur expérience, faite chez le chien, reproduite chez d'autres animaux, aurait pu servir de démonstration à l'existence d'une pensée autonome (une cognition) et de la possibilité de dépression, mais l'époque ne le permettait sans doute pas. Quand un individu se retrouve dans une situation dans laquelle ses actions n'ont plus d'effet sur l'environnement (absence de contingence), et qu'ils peuvent se l'imaginer (cognition), alors ils peuvent exprimer des comportements qui n'ont plus de rapport avec le milieu ou qui n'ont plus de sens. L'arrêt du toilettage en fait partie, l'inhibition comportementale massive aussi. À partir du moment où nous regardons cela dans le cadre de la possibilité d'une psychopathologie, alors nous voyons des symptômes évidents d'état dépressif, et les travaux de Seligman et de Maier ont beaucoup été utilisés en psychiatrie humaine dans le cadre de la dépression.

Toujours est-il qu'adopter un chat dans un refuge, en fonction de sa personnalité et du temps qu'il a passé au refuge, c'est prendre le risque d'inviter la dépression à la maison. Si j'étais de ceux qui croient qu'il suffit de changer l'environnement pour retrouver l'équilibre, je dirais : « Allez-y ! pas de problème... » Mais je crois que le psychisme des chats est bien plus complexe que cela, alors je vous dis : « Allez-y ! sauvez un de ces chats mais sachez que son psychisme a pu subir des traumatismes importants. »

Il est évident que certains possèdent cette résilience naturelle qui va leur permettre de retrouver l'équilibre, mais combien ne vont plus jamais pouvoir faire confiance, plus jamais guérir de leur inhibition pathologique ?

Sensible et inhibé

C'est le deuxième volet de la nature de nos chats : prédateurs, nous l'avons vu par leur structure et leur histoire, mais aussi proies, et cela les prédispose à deux types de processus pathologiques : la sensibilisation et l'inhibition. Nous y reviendrons tout au long de ce livre tant ils sont la clé de la compréhension de beaucoup de troubles de nos chats.

L'inhibition comportementale est une des trois façons de réagir à un stimulus effrayant ou aversif. En anglais, cela donne la règle des 3 F : *flight, fight or freeze*, la fuite, le combat ou la sidération. Ces trois réponses comportementales ne sont pas anormales en elles-mêmes, elles sont même la garantie de la survie dans beaucoup de cas. Parfois, elles deviennent les symptômes d'une affection comportementale. La distinction entre normal et pathologique est souvent compliquée, peut-être encore plus dans notre discipline. Nous avons fixé trois facteurs dont la combinaison permet de faire la différence : l'absence d'adaptabilité, l'absence de réversibilité spontanée et la souffrance.

Par exemple, c'est la définition même d'un état dépressif : état d'inhibition non réversible de manière naturelle, qui empêche l'individu de s'adapter de manière optimale à son environnement et qui lui cause une souffrance quotidienne.

C'est le lot de beaucoup de chats enfermés et ce n'est pas une raison pour ne pas les adopter, peut-être même cela peut-il être une motivation supplémentaire, en toute connaissance de cause.

Houdini, le chat qui ne renonce jamais

Et puis il y a les miracles… certains chats sortent du lot, et je ne peux pas penser aux chats de refuge sans évoquer Houdini ! Il y a quelques années, je visitais un refuge de la région parisienne, aussi joli qu'un endroit comme cela peut l'être avec un personnel extraordinaire de dévouement. Chaque cage de chien avait une fiche avec l'historique et les caractéristiques comportementales des animaux. Nous voilà maintenant dans le bâtiment des chats… j'apprends d'abord avec étonnement qu'il y a tout un secteur de chats atteints de maladies virales graves et contagieuses… je pose la question du sens de cela, et une responsable me répond : « Oh, ce ne sont pas les plus difficiles à placer. Nous avons une “clientèle” pour ceux-là. Certaines personnes arrivent et nous disent : “Donnez-moi le chat que personne ne veut, je suis en appartement, je n'ai pas d'autre chat alors il peut être malade, contagieux, ce que vous voulez. Je le ferai soigner autant que possible et je lui offrirai les meilleures conditions de vie possibles.” » Et voilà que ce qui aurait pu constituer un handicap infranchissable devient un atout de placement. À peine remis de ma surprise, une bénévole me dit : « Attention, derrière cette porte, il y a Houdini ! Si vous vous approchez doucement et que vous regardez par la fenêtre de la porte, vous le verrez peut-être en train de se préparer à s'échapper. » À pas de loup, téléphone en main pour pouvoir capturer l'instant, je m'approche et j'ai pu saisir l'image de ce chat en train de réfléchir à sa possible fuite.

Quand certains, la majorité, renoncent, d'autres n'abdiquent jamais. Houdini avait échappé à ses soigneurs un nombre incalculable de fois : c'était la hantise des jeunes recrues et presque un bizutage amical de la part des anciens. Dès que ce chat entendait quelqu'un approcher, il se tapissait dans un angle mort, et à peine la porte était-elle entrouverte qu'il était déjà dehors. Comme il était très malin, son point de départ n'était jamais le même. Je l'imaginais même debout le dos plaqué au mur, fin comme une feuille de cigarette, prêt à se faufiler dans le moindre interstice…

Lui bien sûr n'était pas dépressif, mais il est difficile de demander à tous les chats d'avoir le moral de Papillon ou du « roi du frigo », le capitaine Virgil Hilts si bien joué par Steve McQueen dans *La Grande Évasion*. Houdini n'a jamais renoncé, il témoigne que le pire n'est jamais certain mais qu'il faut des capacités exceptionnelles de résistance, de résilience, un espoir qui ne faiblit pas pour supporter l'enfermement sans se résigner. Je n'ai plus de ses nouvelles mais je l'imagine cherchant encore par tous les moyens à trouver une issue…

Domestique ? Jamais…

Alors non, je ne souhaite pas que nous ne puissions trouver des chats que chez les éleveurs ou dans les refuges. Interdire aux particuliers responsables de permettre à leur chatte de maison, civilisée, habituée aux chiens, aux chats, aux lapins, aux enfants, de se reproduire serait une atteinte importante aux libertés et un contresens scientifique.

Tant qu'il y aura des chatons

Aujourd'hui en France, il est encore possible de faire faire une portée à sa chatte de maison. Il suffit de se déclarer comme éleveur : cela entraîne de suivre la réglementation sur le bien-être, et c'est un bon point. Et, après que Minouchette a fait sa portée et après avoir fait adopter ses chatons par des familles aimantes et volontaires, il sera avisé de la stériliser. L'évolution législative pourrait laisser craindre le pire, comme une interdiction absolue de reproduction avec la possibilité pour les particuliers de n'adopter que des animaux stérilisés. C'est déjà le cas avec beaucoup de chats d'élevage, « livrés » déjà stérilisés, aujourd'hui surtout dans le but de diminuer le risque de concurrence.

Les chats vivent avec nous mais ils ne sont donc pas tout à fait domestiqués…

Cela fait sans doute partie de leur réussite : comme le soulignait Victor Hugo dans son aphorisme en tête de ce chapitre, inviter un chat dans sa maison, c'est accepter le sauvage. C'est accueillir l'autre, dans sa proximité et dans son étrangeté. Baptiste Morizot[6] nous le rappelle : « Dès que nous ouvrons les yeux, ce que nous voyons est à la fois un alien et un parent. » C'est vrai avec nos félins domestiques ! Parfois ils sont prévisibles, amicaux et touchants, soudain leur logique peut nous échapper…

Face à ce comportement déroutant, qui peut ressembler à un coffre-fort inviolable à cinq serrures, je vais vous donner cinq clés, au cours des cinq chapitres, et j'espère qu'elles vous permettront d'accéder à une meilleure connaissance des chats en général mais surtout de celui ou de ceux que vous côtoyez au quotidien.

La première clé, sans doute la plus importante, dont nous découvrirons beaucoup de conséquences, c'est comprendre la double nature du chat à la fois proie et prédateur.

Les chats sont les champions du « en même temps »...

En effet, il est rare qu'une espèce pousse à ce point le paradoxe d'être excellente dans deux versants opposés de son comportement : être un chasseur efficace et redoutable tout en ayant, en un clin d'œil, la possibilité de développer des stratégies d'évitement et de sauvegarde face à un prédateur présumé ou du moins un danger.

La scène qui suit, je l'ai filmée dans mon jardin : ce sont quelques secondes qui m'ont beaucoup appris... mes professeurs étaient notre jeune chatte Chiquita (sans doute un de mes meilleurs enseignants) et une lapine bélier nain qui s'amusait beaucoup dans notre petit carré de verdure. Chiquita, qui avait alors à peine 4 mois, voit Avoine dans le jardin... Elle avance en s'écrasant au sol, telle la lionne dans la savane à l'affût qui avance sous le vent pour se rapprocher de l'antilope. La lapine, qui a déjà plusieurs chats à son actif et qui, pour être au départ supposée, naine, pèse tout de même trois ou quatre fois plus que le jeune chat, la voit arriver du coin de l'œil. Au moment où Chiquita commence à se ramasser pour bondir, soudain Avoine lui fonce dessus, et, en un claquement de doigts, la situation s'inverse, et la chatte est obligée de fuir devant cette menace imprévue. Chiquita a été tout au long de sa vie un modèle d'équilibre et cela n'a pas constitué une expérience terrible pour elle, mais c'était une démonstration de cette bascule toujours possible entre ces deux pôles de la vie. Être un chasseur de grande qualité mais d'une taille qui l'expose à être lui-même chassé. En cela, les chats ressemblent aux agents secrets : leur permis de tuer implique aussi qu'ils puissent l'être…

Ce qui n'est qu'une banale scène de la vie quotidienne recèle des vérités primordiales sur la nature profonde des chats. Ils possèdent tout le répertoire comportemental du prédateur mais aussi la totalité des exigences d'adaptation d'une proie. C'est ce qui les rend complexes, intéressants, et cela renforce aussi leur unicité. C'est un peu comme une grille de loto. Imaginez qu'un prédateur ait environ 20 ou 25 comportements primordiaux et qu'une proie en ait autant de différents. Imaginez aussi que, sur la dizaine de personnalités principales, chaque animal en tire une au jeu de hasard de la combinaison des gènes (qui ne disent pas grand-chose de l'espèce mais beaucoup de la lignée et de l'individu). Cette combinaison de la personnalité et des 5 comportements majeurs qui font ce que nous pourrions appeler le phénotype comportemental dominant de cet animal, c'est-à-dire l'expression de l'individu, cela représente donc le tirage comme au loto de 5 des comportements sur les 49 (ou 50) de proie et de prédateur, et de l'étoile de la personnalité, ce qui fait un peu plus de 20 millions de possibilités. Chaque chat est donc unique : tous ceux qui ont vécu avec plusieurs chats le savent. Chiquita qui m'a beaucoup appris, tant sur l'empathie que sur la double nature proie-prédateur, avait eu trois chatons : Ron le roux, Harry le tigré et Hermione l'écaille de tortue. Ils étaient aussi différents que possible : par leur robe, l'un était roux, l'autre tigré, la dernière écaille, mais aussi et surtout par leur comportement. Fille d'une chatte équilibrée, sœur de deux chats eux-mêmes plutôt sereins, voire audacieux, Hermione a toujours été craintive. Elle a vécu avec nous et avec sa mère dans des conditions sans alertes. Et pourtant… nous avions toujours l'impression qu'un grand danger la menaçait.

Bien sûr, Chiquita était une mère très protectrice et peut-être un peu envahissante. Nous avons parfois l'impression que, en l'absence de détachement, quand les petits restent au contact de leur mère, le développement a plus de mal à s'achever et que nous avons affaire à des animaux moins matures et moins indépendants. En tout cas, ces trois chatons et leur mère (nous n'avons pas eu l'honneur de connaître le père) étaient la démonstration de la palette très étendue des comportements félins et de la relative indépendance de la personnalité de chacun par rapport à la génétique familiale.

Chaque chat est unique et différent, mais tous se définissent dans cette tension entre ces deux pôles. Si beaucoup de troubles viennent d'une exagération des processus inhérents au statut de proie, le côté prédateur peut lui aussi causer des dégâts…

Nous avons déjà vu Nougat et les conséquences de ses jeux sans contrôle : ce qui n'était qu'un jeu pour lui se révélait désagréable, blessant, voire dangereux pour sa propriétaire. Le jeu est toujours un apprentissage de la vie adulte ou une répétition des scènes primordiales : quand le chat joue à être un prédateur, il mime bien les séquences mais – et c'est le principe même du jeu – sans jamais oublier que c'est « pour du beurre » et qu'il ne doit donc pas utiliser toute la puissance de ses griffes ou de ses crocs.

Cette nature de prédateur s'exprime aussi de façon anormale dans deux autres cas :

– dans un environnement manquant des stimulations minimales ;
– s'il existe des troubles de l'humeur.

Cela nous montre que le même symptôme, la prédation, peut être la conséquence de facteurs très différents (un trouble du développement comme l'hyperactivité, des conditions de milieu défavorables ou un trouble de l'humeur) et qu'il est crucial de ne pas soigner un symptôme mais un individu dans sa globalité.

Le désert des Tartares

Le cas le plus simple, et le plus fréquent, vient d'un environnement qui manque du minimum élémentaire de stimulation. Or, pour un chat, exercer une activité de prédation, qu'elle soit réelle ou que ce soit un leurre, est un élément majeur de son bien-être, de sa qualité de vie. Les symptômes vont être d'autant plus marqués qu'il y a plus de différence entre le milieu initial de développement et le milieu de vie.

Lucifer est un joli petit chat noir qui a été offert à Huguette par ses petits-enfants qui connaissaient son chagrin après la perte de Minou. Comme ils voulaient en plus faire une bonne action, ils sont allés chercher Lucifer au refuge. Il venait d'une portée récupérée après quinze jours de patience sous le préau d'une école primaire.

Lucifer arrive chez Huguette. Elle a perdu Minou il y a quelques mois et elle est très triste, mais elle ne souhaitait pas reprendre de compagnon félin : sa vie aujourd'hui se résume à une existence cloîtrée, une vie qu'elle estime pauvre en stimulations et elle ne voulait pas imposer cela à un chaton. Huguette chaque jour fait des petits travaux manuels, assise à sa table. Elle coud, fait de la tapisserie, elle passe du temps à travailler avec ses aiguilles, elle écrit aussi, elle tient encore ses comptes. Elle fait un certain nombre de travaux d'écriture, et cela va déclencher des attitudes chez son chat qui vont un jour l'amener en consultation. En effet, Lucifer va se poster sur la table, se tapir et brutalement sauter sur les mains d'Huguette qui manie l'aiguille ou le stylo. Au début, elle le prend avec humour. Elle considère que ce sont des jeux, ce qui est le cas, mais très vite en fait, elle va être blessée par les attaques et ne va plus pouvoir accepter cette situation. À partir du moment où elle va sanctionner, où elle va donner quelques tapes, il va y avoir une escalade entre Huguette et Lucifer, et des agressions de plus en plus vulnérantes.

Lucifer, en fait, vit dans un milieu qui ne lui apporte pas le minimum nécessaire à son équilibre de chat prédateur. Cette prédation indispensable, il va l'exercer aux dépens des chevilles et des mains d'Huguette. Tous les propriétaires de chats coupables de ce genre de comportement racontent la même chose. Ils savent très bien à quel endroit le chat va se tapir et ils vont le trouver prêt à leur bondir dessus, à les attaquer : au début, ce sera une surprise ! Et puis, ensuite ils seront de moins en moins étonnés de trouver le chat, par exemple, derrière le pied de la commode qui est dans le couloir. Quand ils passent, leur tigre domestique va sauter sur les chevilles, les attraper entre ses antérieurs, les mordre, parfois les labourer avec ses postérieurs.

C'est pareil pour Huguette : au moment où elle fait ses travaux de couture ou de tapisserie, ou encore ses écritures, Lucifer va lui sauter dessus, la mordre là encore parfois de façon très douloureuse. En fait, comme il n'y a pas dans cet environnement la possibilité d'exercer son comportement de chasse, il le redirige sur la seule cible possible, à savoir Huguette. Certains chercheurs ont fait des films de la démarche d'un humain, de femmes, et ont montré à quel point cela pouvait ressembler au sautillement d'un oiseau, et encore plus si elle porte des talons. Je vous l'accorde, cela paraît un peu tiré par les cheveux ou par les moustaches de chat ! Il est pourtant compréhensible que le mouvement, quel qu'il soit, dans un milieu sans stimulus, soit un très bon déclencheur de séquences de prédation chez le chat. Ces attaques sont donc une conséquence directe de la pauvreté du territoire. Avant, cela s'appelait l'anxiété du chat en milieu clos, venant souligner le fait que souvent la racine du trouble était le passage d'un milieu ouvert, dans lequel le chat pouvait attraper des proies, se mettre à l'affût, à un milieu fermé dans lequel il n'y a plus la possibilité de chasser.

Intérieur ou extérieur ? Idée reçue, attention, danger

Il faut nous arrêter sur ce point pour bien expliquer les choses. Ce que nous disons là, ce n'est pas du tout qu'un chat ne peut pas être en équilibre en vivant à l'intérieur. Il suffit d'apporter des leurres de proies, il suffit d'organiser des pseudo-activités de prédation pour qu'un chat vivant à l'intérieur puisse être tout à fait en équilibre. Ce qui est encore plus important est de veiller au fait que celui qui va rester à l'intérieur ait connu un développement dans les mêmes conditions. Cela va beaucoup faciliter l'adaptation. Il est évident que le chat qui a été habitué à chasser en milieu ouvert, à avoir des proies naturelles, va avoir plus de mal à s'adapter à un milieu fermé.

Une étudiante de notre diplôme de psychiatrie a mené, dans le cadre de son travail de mémoire, une enquête très intéressante[7]. Nous avons souhaité vérifier avec elle ce qui paraissait être du bon sens et qui était dit par beaucoup de d'éducateurs ou de vétérinaires : l'accès à l'extérieur, la possibilité de mener une vie plus libre diminue la prévalence des troubles de comportement.

À l'époque déjà, cela nous semblait douteux, mais, faute de chiffres, il était difficile d'en discuter.

Cette enquête a été assez large : elle s'est basée sur plus de 350 chats clients de 9 structures vétérinaires et elle a montré que, en fait, il y avait autant de troubles du comportement chez les chats qui ont accès à l'extérieur que chez ceux qui n'y ont pas accès.

Les deux grandes plaintes classiques en médecine du comportement félin concernent la malpropreté et l'agressivité. La prévalence de ces plaintes-là n'était pas statistiquement différente entre les chats vivant à l'extérieur, ceux y ayant un accès ponctuel et les chats sans possibilité de sortie. Il y avait quelques différences pour certains comportements, comme le fait de boire de l'eau courante. C'est une demande assez classique de nos félins domestiques qui se mettent devant le robinet et attendent que leur humain leur donne un accès à de l'eau vive. Aujourd'hui, l'utilisation des fontaines à eau permet de couvrir ce besoin. Il y a presque quinze ans, cette demande d'accès à de l'eau courante était plus fréquente chez les chats confinés que pour ceux ayant un accès dehors leur permettant de répondre à ce besoin pour eux d'avoir de l'eau claire.

Pour les deux points majeurs, les agressions par irritations et la malpropreté par élimination indésirable ou par marquage urinaire, cela était tout à fait comparable. S'il y a une différence, elle va dans le sens d'une exaspération supérieure des propriétaires de chats qui font le choix de les laisser sortir : ils vivaient beaucoup plus mal que les propriétaires de chats « enfermés », par exemple, de devoir ramasser de l'urine ou des excréments alors que le chat aurait pu effectuer ces éliminations dehors.

Un bon petit diable

Revenons à Lucifer !

Il produit chaque jour et plutôt en fin d'après-midi ou le soir (Huguette l'a bien remarqué) à la tombée du jour ces séquences de prédation sur les mains qui, comme Huguette est sous anticoagulant, commencent à poser un problème de santé évident. Huguette nous dit : « Moi, je le trouve mignon, ce petit chat. Je sais bien qu'il veut jouer mais je ne comprends pas pourquoi il me fait mal. » En fait, nous appelons aujourd'hui « aploutobiotopathie » ce qui s'appelait avant « anxiété du chat en milieu clos ». Cela veut dire que le biotope – le milieu de vie – du chat (c'est une grande section dans les troubles comportementaux du chat que nous retrouverons dans le prochain chapitre) ne peut pas lui fournir même le minimum vital. Le chat privé des stimulations nécessaires à son équilibre va les inventer. Il va donc se mettre à l'affût de stimulations minimes qui ne devraient rien déclencher, comme le mouvement d'un stylo ou celui de l'aiguille, ou même une marche à pas feutrés dans des chaussons. Bien sûr, les humains au contact de ces chats ne se laissent pas faire et vont avoir très souvent la tentation, le réflexe de sanctionner. Le chat va alors développer des comportements de plus en plus agressifs. À partir du moment où il est sanctionné, la relation va se dégrader, les rapports vont s'envenimer, et les agressions vont être de plus en plus violentes, et surtout le lien va se distendre : le rapport harmonieux entre les deux protagonistes va disparaître. Quand nous nous trouvons face à cette situation-là, comme dans le cas de Lucifer et d'Huguette, il est temps pour le vétérinaire d'intervenir : si cela est lié, nous l'avons expliqué, à des conditions de vie défavorables, assez vite, un état pathologique va s'installer. Nous allons diagnostiquer un état anxieux, productif dans la plupart des cas, c'est-à-dire accompagné par des manifestations comportementales indésirables comme la malpropreté ou l'agression, ou un état anxieux inhibé, voire un état dépressif, un peu comme nous l'avons vu chez les chats de refuge dans un milieu qui n'apporte pas de stimulation suffisante.

Traiter les états anxieux

L'employé qui est soumis tous les jours à un travail trop monotone ou à un harcèlement va déclencher un état pathologique d'anxiété ou de dépression et ne va pas guérir simplement si les conditions délétères s'arrêtent : il va devoir être soigné. De la même façon, les chats vivant dans ces situations demandent bien sûr une restauration écologique, c'est-à-dire un aménagement du biotope qui permet de répondre aux exigences de leur espèce, mais demandent aussi un traitement médical, souvent pour restaurer leur homéostasie sensorielle, leur équilibre et pour leur permettre de recouvrer la santé.

Il est très important de rappeler cela : regardez Huguette ! Elle a le discours classique de beaucoup de personnes âgées dans ces difficultés. « Je le savais, je suis trop vieille. Je n'aurais pas dû prendre un nouvel animal. Je n'ai plus la capacité à lui apporter ce dont il a besoin. » Ce n'est pas vrai ! Il faut le répéter : il suffit, même en milieu intérieur, d'apporter au chat, par exemple, des ressources en trois dimensions, un griffoir, un arbre à chat pour pouvoir l'escalader. Ces équipements ne sont pas la réponse à tout, mais ils permettent souvent d'augmenter la qualité de vie de l'animal.

Arbre à chat

Pour être efficace, cet ustensile doit être composé de plusieurs éléments qui vont venir répondre aux demandes classiques du chat. D'abord, il doit avoir plusieurs étages. Les différentes hauteurs permettent à un chat de choisir l'emplacement de son champ d'isolement et d'en constituer un élevé, protégé. Il doit aussi présenter quelques cachettes, des boîtes plus ou moins fermées, des cases qui favorisent un espionnage discret, passe-temps apprécié par beaucoup de chats. Les troncs sont souvent recouverts de corde, ce qui permet à l'animal de griffer. Et si en plus cet arbre est placé devant une fenêtre et donc permet l'observation, alors ce simple élément de décor devient une clé de bien-être félin… même si cela ne suffit pas.

Dans tous les cas, notre traitement s'articule autour de plusieurs axes.

Le premier point primordial, c'est de favoriser la compréhension de la situation. Le partenaire de l'animal, le propriétaire, l'ami humain du chat doit comprendre ce qui est en train de se passer. Ainsi, nous expliquons à Huguette et, en fait, cela n'est pas très loin de sa représentation, que, sans doute aujourd'hui, le milieu offert à Lucifer demande à être enrichi et que cela est possible sans effort financier ou structurel démentiel.

Le deuxième point tout aussi important est le nécessaire travail d'empathie, à la fois avec le propriétaire et avec le chat. Je ne sais pas si vous avez déjà été régulièrement chassés par un chat, attaqués par un chat, mais c'est désagréable et douloureux. Même si vous pouvez ressentir que les séquences correspondent plus à du jeu qu'à des agressions, vous vous sentirez en danger.

C'est encore plus vrai pour les personnes âgées qui, comme Huguette, prennent des médicaments anticoagulants aggravant le risque lié aux blessures causées par son compagnon félin. Faire un travail d'empathie avec Huguette, c'est reconnaître sa déception et comprendre ses appréhensions. C'est aussi annoncer très vite que, quelles que soient les « bonnes » raisons de Lucifer, il n'est pas question de le laisser faire ! La difficulté réside souvent dans le discours autour de la punition. Pour Huguette, comme pour beaucoup de nos clients, l'animal doit être puni pour comprendre qu'il a mal agi.

Disruption, pas punition

En médecine du comportement félin, presque toujours, notre première prescription est : « Il faut arrêter les punitions. » Les punitions physiques bien sûr, mais aussi les cris et les menaces sont concernés par cette interdiction. La coercition ne fait pas partie de la solution, elle est toujours source d'aggravation. C'est un problème compliqué : nous vivons dans des structures sociales, éducatives, surtout pour des personnes d'un certain âge, qui ont toujours été basées sur la punition et sur la répression. C'est pour cela que les chats ont eu si longtemps la réputation de ne rien pouvoir apprendre, parce que, chez les chiens, chez les chevaux et chez les enfants, les modèles d'apprentissage reposaient sur la punition : c'était le coup de règle sur les doigts des écoliers, c'était le coup de cravache du cavalier ou c'était le coup de trique pour les chiens. Ces méthodes ne fonctionnent pas avec les chats : faites-leur mal ou très peur une seule fois, et – nous aurons l'occasion d'y revenir – vous pouvez détruire la relation à tout jamais. Il faut donc interdire sans punir, mais comment ? Existe-t-il un moyen peut empêcher les attaques sans recourir à des attitudes punitives douloureuses ou trop effrayantes ? La solution s'appelle une disruption. Concrètement, cela consiste à arrêter un comportement sans faire d'action aversive, terrorisante ou maltraitante. Pour interrompre l'action non souhaitée, par exemple, vous pouvez tout à fait envoyer un jet d'air comprimé ou d'eau sur le chat au moment où il s'apprête à bondir : pas de danger ni de grosse frayeur ! C'est pour cela que, si vous venez chez certains de mes clients, autour de mes lieux de consultation et notamment en région toulonnaise, vous trouverez des mamies ou des papis qui déambulent dans leur appartement avec un pistolet à eau accroché à la ceinture, tels des John Wayne de salon. À l'endroit exact et au moment précis où le chat risque d'attaquer, derrière la commode, là où il guette, là où il est tapi, au moment donc où le chat apparaît, la victime potentielle dégaine son pistolet à eau, son pulvérisateur à plantes, sa bombe pour nettoyer les claviers d'ordinateur et en envoie une brève giclée. Cela va reproduire le bruit que fait un chat qui menace, signal donc très compréhensible pour l'animal sans être douloureux ni inquiétant. Ainsi, nous diminuons le risque d'agression sur les personnes et nous proposons aussi de rediriger, au même moment, l'attaque de prédation vers un jouet, vers une plume ou une peluche au bout d'une canne à pêche d'enfant, tout ce qui va permettre d'épargner les mollets des propriétaires tout en conservant le comportement nécessaire à l'animal. Petit à petit, il ne va plus y avoir de blessures, donc il ne va plus y avoir de punition. La peur de chacun va diminuer, l'harmonie va pouvoir être rétablie, et le chat va pouvoir rester au domicile de la personne, ce qui, sinon, n'est pas le cas, le chat ayant un risque majeur d'être abandonné sur les conseils des enfants ou des médecins s'il est considéré comme dangereux surtout pour une personne âgée.

L'importance des médicaments

Dans le cas de Lucifer et d'Huguette, d'abord, nous avons commencé par réduire l'impulsivité agressive, par traiter l'état anxieux du chat. Cela passe par le fait d'accepter l'idée d'un traitement médical et de pouvoir le donner. Nous en avons aujourd'hui toute une gamme qui nous permet d'intervenir, avec des modes d'administration différents, dont certains conviennent mieux aux chats.

Certains produits peuvent être délivrés sans ordonnance comme les phéromones, les nutraceutiques ou l'aromathérapie. Parfois, il faut recourir aux psychotropes, toujours sur prescription vétérinaire : certains existent à destination des animaux, nous allons chercher les autres dans la pharmacopée humaine.

Les vétérinaires ont de la chance : ils peuvent adapter leur prescription à la sévérité des symptômes, à la facilité de manipulation du chat. Il existe toujours une solution !

Parfois nous rencontrons encore des résistances. Il peut y avoir collision entre la représentation d'un chat solitaire, indépendant qui se soigne seul et l'idée de lui « donner ses gouttes » pour éviter les débordements de son comportement. Cela change et à grande vitesse. La médecine féline a fait d'immenses progrès dans tous ses compartiments, cardiologie, dermatologie, infectiologie, etc., et la psychiatrie n'est pas en reste.

Pour Lucifer, je prescris le psychotrope qui règle le mieux l'impulsivité et je m'assure qu'Huguette peut le donner. Elle est affirmative : « Il est très facile pour les médicaments, je peux tout lui donner... C'est pour ça que je comprenais encore moins pourquoi, par moments, il était si méchant, mais maintenant je comprends mieux... Alors dites-moi : quel arbre à chat vous me conseillez ? » Le produit étant accepté, je sais que je vais diminuer l'impulsivité et l'anxiété du chat. Il devient alors impératif de mettre en place tout le protocole d'enrichissement de l'environnement.

Enrichir son environnement

Nous avons choisi avec Huguette un arbre qui pouvait aller à la fois dans son appartement et qui pouvait convenir aux fonctions souhaitées et déjà évoquées. Nous avons mis en place le pistolet à eau qui a été remplacé par Huguette par un pulvérisateur à plantes qu'elle possédait déjà à la maison et elle n'avait pas envie de jouer aux cow-boys et aux Indiens. Et puis nous avons proposé à Lucifer beaucoup de leurres de prédation à l'aide d'une canne à pêche (jouet d'enfant), de plumes ou de petites souris en peluche. Dans ces cas-là, il faut chercher ce qui amuse vraiment l'animal. Il faut trouver ce qui peut lui donner la satisfaction de courir après quelque chose et de remplir son exigence fondamentale de petit prédateur : la chasse.

Tout a été mis en place par Huguette, désireuse de conserver cet ami aux griffes et aux dents redoutables mais qui était aussi le compagnon qui venait le soir se coucher contre elle ou qui, dans un temps suspendu et délicieux, soudain sautait sur ses genoux, se mettait en boule et ronronnait comme un moteur d'avion pendant quelques minutes avant de retourner à ses jeux de chaton.

Deux mois après, il n'y a plus eu aucune blessure infligée à Huguette par Lucifer. Il est devenu un chat joueur, joyeux qui a plein de cachettes dans la maison : il est malicieux, très drôle et il amuse beaucoup Huguette. Ils s'entendent tous les deux à merveille. Lucifer est la publicité vivante du fait que les psychotropes ne changent pas la personnalité de l'individu mais permettent juste – dans ce cas-là – de contrôler et d'araser les excès d'impulsivité. Huguette respecte très bien le rythme du chat quant à son alimentation (au moins six fois par jour), lui propose des jeux et a construit avec lui une vie équilibrée. Après trois mois de traitement médical, nous pouvons entamer le sevrage, tout en conservant les prescriptions écologiques. Après six mois, Lucifer ne prend plus du tout de médicaments. L'appartement d'Huguette est très enrichi pour convenir aux besoins du chat qui a rétabli son homéostasie, sa capacité d'adaptation. Lucifer a appris à beaucoup mieux contrôler ses griffes : il exerce toujours ses talents de prédateur, mais sur les objets qui lui sont destinés. Il a aussi appris à se méfier d'Huguette et de ses judicieuses pulvérisations qui annihilent les risques d'attaques grâce à une parfaite synchronisation. En quelques semaines, elle n'a d'ailleurs plus besoin de vivre de manière continue avec un pulvérisateur à portée de la main. Bref, leur vie est enfin en harmonie, le traitement est stoppé : Huguette sait que, si par hasard les « agressions » se reproduisaient, il existe des solutions et elle n'a pas manqué de le faire savoir autour d'elle. Elle m'a raconté, très amusée, qu'elle avait dit à son médecin qu'elle était heureuse de ne pas l'avoir écouté en abandonnant son chat et qu'il y avait d'autres solutions plus respectueuses de l'animal et du lien.

Toutes ces histoires ne finissent pas aussi bien (souvenez-vous dans un autre registre de Nougat), mais les bons résultats nous aident à continuer notre croisade pour les cohabitations harmonieuses dans le respect du bien-être de l'animal mais aussi des humains qui vivent avec.

Nougatine et Catherine : traiter les troubles de l'humeur

Dans une vie professionnelle, certains patients accompagnés d'un humain extraordinaire nous apprennent plus : leur destin est de nous enseigner des éléments fondamentaux de notre pratique, notre contrepartie est d'inventer pour eux de nouvelles façons de soigner et de les accueillir. Si First a été déterminante dans ma façon de manipuler les chats, Nougatine et Catherine ont marqué un jalon dans ma prise en charge des maladies comportementales du chat.

Nougatine a été le premier cas de dysthymie bipolaire du chat que j'ai pu diagnostiquer, traiter et suivre pendant des années. Cette chatte m'a ouvert la porte de la « folie » des chats, et sa propriétaire m'a montré comment empathie et patience associées à une détermination farouche de ne pas abandonner son compagnon animal pouvaient permettre de vivre avec ces troubles très impressionnants.

À cette époque-là, j'étais vétérinaire généraliste à Toulon et, une à deux fois par mois, je passais mon jeudi de repos à aller faire des consultations de psychiatrie vétérinaire en région niçoise. Je pratiquais surtout dans les cliniques mais, de temps en temps, pour des cas particuliers, j'allais à domicile.

C'est ainsi que, dans le joli quartier des Musiciens, une soirée d'août, j'ai fait la connaissance de Nougatine, jeune femelle siamois au comportement bien déroutant.

Le cas est très ancien et Nougatine n'est plus là, mais certains éléments sont restés gravés dans ma mémoire. Lors de cette visite à domicile, la famille, Catherine en tête, me décrit les moments de tensions, les attaques surprises dans des circonstances assez précises.

Quand je la vois, la chatte est dans une « mauvaise période », depuis quelques jours les agressions ont été nombreuses. Je m'assois à la table de la cuisine et, après quelques minutes, Nougatine me saute sur les genoux et Catherine me prévient : « Attention, le moindre mouvement de votre part peut déclencher son attaque. » Si certains clients s'amusent beaucoup à nous impressionner en nous faisant craindre une réaction de leur animal, ici ce n'est pas le cas. La jeune chatte qui est montée sur mes genoux vibre, tendue comme une corde de piano et je sais que la menace est réelle. Dans un autre cas du même type, quand la crise arrivait, le chat se perchait sur le buffet au-dessus de la table et le moindre mouvement pouvait la déclencher. Le père disait alors : « Plus personne ne bouge : posez vos couverts sur la table et ne bougez plus. » Il y avait eu plusieurs attaques, vulnérantes, et la famille avait appris que seule l'immobilité la plus totale pouvait diminuer le risque.

Si Nougatine n'était pas aussi dangereuse que cela, ses attaques pouvaient être très impressionnantes.

Ceux qui n'ont jamais vécu avec un animal souffrant de ce type d'affection ne peuvent sans doute pas comprendre. Le conseil classique de l'entourage est de se débarrasser du chat et du danger par la même occasion. Dans certains cas, cela va rester la seule issue, mais Nougatine et bien d'autres peuvent témoigner qu'il peut y avoir une autre voie. Bien sûr, cela demande de la patience et de la prudence. Nougatine souffre d'une dysthymie bipolaire.

Une grande instabilité comportementale, symptôme du trouble bipolaire

C'est l'équivalent assez strict du trouble bipolaire humain avec une variation interne d'humeur qui peut être déclenchée par des éléments saillants de l'environnement ou parfois sans que rien de précis ne puisse être associé au début des crises. Vivre avec un animal qui souffre de cette maladie est quelque chose d'inquiétant : son comportement est imprévisible. Charmant la minute d'avant, exprimant un comportement tout à fait normal avec par exemple des demandes d'attention, des caresses, un comportement affectueux, il peut se transformer l'instant d'après en chat sauvage attaquant les yeux exorbités et sans aucun contrôle de ses griffes ni de sa morsure.

Il est alors facile d'imaginer qu'il faut vraiment une volonté importante de la part du groupe familial pour conserver cet animal. Nous parlons là en l'absence de traitement. Par bonheur, après quelques tâtonnements, aujourd'hui, certains médicaments semblent avoir un effet, modéré mais régulier sur ces troubles. Il n'est pas question de dire qu'un animal souffrant de dysthymie bipolaire va pouvoir être guéri de manière absolue et définitive. Il va toujours rester une fragilité et la possibilité d'accès productifs et dangereux. Néanmoins, quand la sévérité est modérée, quand la famille est motivée, alors nous traitons ces animaux. Nous arrivons à apporter un cadre dans lequel il y a plus de prévisibilité. Même si, au départ, les séquences sont décrites comme imprévisibles, il n'est généralement pas très compliqué de repérer ce qui s'appelle une phase d'aura, c'est-à-dire des signes précurseurs qui indiquent que la crise va apparaître et que l'animal va devenir dangereux. À ce moment-là, il n'est pas question de le contrôler, d'essayer de le maîtriser. Il est juste question de le mettre à l'abri et de se mettre à l'abri, la plupart du temps en l'enfermant dans une pièce, sans stimulation visuelle ni auditive, pour avoir le moins d'effets possible de la crise, un peu comme en cas de crise d'épilepsie. C'est assez proche en effet : la crise connaît un démarrage interne mais beaucoup de facteurs externes peuvent l'aggraver. C'est sans doute une des grandes erreurs médicales du siècle passé d'avoir voulu séparer la neurologie centrale et la psychiatrie : les deux ont le même organe cible, et parfois la limite est bien ténue. Il n'y a pas si longtemps, la discipline médicale s'appelait la neuropsychiatrie. Elle était sans doute devenue trop importante pour ne pas être divisée, mais c'est surtout la psychanalyse qui a provoqué cette scission entre corps et esprit. Pour notre plus grande chance, l'absence de parole des autres animaux nous a protégés de cette tendance et nous n'avons jamais perdu de vue les liens étroits entre le cerveau et les autres organes, mais c'est une autre histoire…

Nougatine et Catherine *forever*

Quand j'ai vu Nougatine, nous étions au début de cette discipline et aux balbutiements des traitements sur des cas aussi compliqués. Catherine, sa propriétaire, a été d'une grande patience non seulement avec son chat, mais aussi avec le vétérinaire que j'étais et qui essayait et faisait de son mieux pour apporter un traitement rendant la vie possible. Il est toujours remarquable de constater que, à partir du moment où un diagnostic est établi, où nous décrivons un cadre connu, l'angoisse diminue beaucoup pour les propriétaires ! Ils savent qui ils affrontent. Ce n'est plus quelque chose d'extraordinaire qui leur tombe sur le coin de la figure, mais c'est une maladie connue qui atteint leur animal. J'ai reçu encore récemment une leçon assez incroyable de la part d'une propriétaire qui a cherché à me contacter pendant le premier confinement pour pouvoir bénéficier d'une téléconsultation car, tout autour d'elle, elle n'arrivait pas à faire prendre en charge son chien qui présentait des crises de bipolarité. Il se trouve que cette dame était infirmière en psychiatrie et, quand je l'ai eue au téléphone, elle m'a dit : « Je sais, je crois savoir de quoi souffre mon animal et chaque fois que j'en ai parlé, il m'a été répondu : "Il n'y a qu'une seule solution, c'est l'euthanasie." Vous vous rendez compte ! Si nous devions faire pareil avec les humains, si nous devions euthanasier toutes les personnes bipolaires, je trouve incroyable que les autres animaux ne puissent pas bénéficier du même traitement que les humains. »

C'est un avis que je partage. Je sais que cela choque tous ceux qui considèrent qu'il y a un plafond de verre entre les autres animaux et les humains et qu'il n'est pas pensable de vouloir leur accorder les mêmes soins. Pour des raisons philosophiques ou religieuses, cette solidarité dans la prise en charge de la maladie mentale est insupportable pour certains. Je les laisse à leurs certitudes : c'est le contraire qui me choque.

Parfois, la limite est technique, nous n'avons pas les produits, nous n'avons pas les connaissances, nous n'avons pas les procédés pour pouvoir juguler un trouble, et, dans le cas de dangerosité extrême, dans le cas de mise en danger de la famille, la mort dans l'âme, nous sommes obligés de renoncer, mais souvent nous pouvons tenter un traitement avec l'accord de tous. Ce fut le cas pour Nougatine.

J'avais à ce moment-là en test un produit qui était réputé pouvoir avoir une action de thymorégulateur, de régulateur de l'humeur. Les essais que nous menions alors avaient pour cible les chiens et certains de leurs troubles anxieux. Il faut souligner l'extrême rareté des produits destinés de manière spécifique aux chats dans la pharmacopée vétérinaire et je ne parle pas des psychotropes qui, eux, n'existent pas sous une forme dédiée à cette espèce. Ce sont des recherches, des publications d'experts et surtout l'accord des responsables du chat qui nous autorisent – dans l'équivalent d'un protocole compassionnel – à sortir des sentiers balisés.

Les dysthymies, comme leur nom l'indique, sont des troubles de l'humeur comme la dépression (dont certaines formes sont appelées en médecine humaine des dysthymies…).

Avec l'accord de Catherine, j'ai donc essayé sur Nougatine le produit E828 C, thymorégulateur, anxiolytique, protecteur des neurones en précisant bien que nous n'avions aucune certitude.

Je n'étais pas le premier à essayer de soigner Nougatine, les vétérinaires qui la suivaient en médecine générale faisaient partie à cette époque-là des rares praticiens à s'intéresser aux troubles du comportement et ils avaient tenté quelques approches médicamenteuses. Les benzodiazépines et les morpholines n'avaient rien donné ou, au contraire, avaient aggravé les productions comportementales en cas de crise.

Les manifestations étaient spectaculaires : onde d'horripilation (*Rolling skin syndrome* ou RSS), fouaillement de la queue (la queue se met à battre de façon violente au moment des crises), asomatognosie (très souvent, ces chats ne reconnaissent plus leur queue et l'attaquent).

Ces moments donnent une sensation marquée d'étrangeté et un sentiment de souffrance : les chats ne peuvent pas le dire mais, vous pouvez nous croire, ce sont des épisodes à la fois pénibles sur le plan physique et bouleversants sur le plan psychique.

Une fois le diagnostic établi, les mécanismes qui sous-tendent les crises sont expliqués : à partir de là, il n'y plus de place pour la culpabilité de l'humain qui comprend que son chat est malade de façon autonome, interne et qu'il peut l'aider sans se sentir responsable du trouble. La famille, par exemple, avait perdu un chat peu de temps avant l'adoption de Nougatine : « Nous nous sommes trop investis », me confie Catherine. J'ai eu l'occasion de développer dans *Au risque d'aimer*[8] le risque pour un chien ou un chat d'être un animal de remplacement mais je n'ai jamais vu de dysthymie bipolaire causée par cela ! Ici, point de faute, point de cause : juste la maladie…

Le traitement compassionnel est proposé : le mystérieux E828 C se présente en comprimés difficiles à faire avaler à un chat, mais Catherine et sa famille vont y parvenir. C'est souvent une limite mais j'ai appris au cours des années que la motivation permet de surmonter bien des obstacles et donne des ailes à l'ingéniosité des aidants, même si parfois les chats se révèlent des partenaires bien difficiles dans l'administration du traitement.

Nougatine prend son traitement et elle s'améliore. Attention, elle n'est pas guérie, le passage d'une petite-nièce dans l'appartement déclenche de nouvelles crises quelques jours après alors que tout semblait aller mieux. Au cours d'une des visites de contrôle, Catherine a cette phrase : « C'était du domaine de l'invivable, c'est aujourd'hui du domaine du supportable. » Nous préférons sans doute les annonces de glorieuses victoires mais, face à un trouble psychiatrique avéré, cela donne déjà beaucoup d'espoir. Cela veut dire que nous avons gagné le droit de continuer à soigner, à chercher quel traitement est le plus adapté pour assurer la meilleure qualité de vie au chat et à son groupe.

J'ai eu des nouvelles de Nougatine pendant très longtemps : elle a vécu toute une vie de chat avec sa maladie à peu près contrôlée, entourée de bienveillance, de compréhension et d'amour qu'elle a rendu sans compter. Si l'infirmière me lit un jour, je voudrais qu'elle soit rassurée et qu'elle sache que nous sommes de plus en plus nombreux à partager cette certitude : nous ne savons pas tout guérir mais cela ne nous empêche pas de traiter, d'accompagner et de rendre la vie possible dans beaucoup de cas qui paraissent désespérés.

Plus loin dans le livre, vous rencontrerez d'autres cas, d'autres chats qui permettent de postuler l'existence d'une pathologie psychiatrique féline, comme nous l'avons déjà fait chez le chien.

Dans ce chapitre, nous avons abordé toutes les causes qui font ressortir de manière exagérée le côté prédateur du chat. Nous l'avons vu, certains cas sont simples qui se résolvent en enrichissant le milieu et en atténuant l'état émotionnel de l'animal, d'autres demandent des traitements plus lourds adaptés soit à de grands déficits d'autocontrôle, soit à des pertes de contact avec la réalité, avec des résultats plus ou moins stables, jamais garantis mais toujours espérés.

CHAPITRE 2

Territoire et souffrance

« J'aime les chats parce que j'aime ma maison et qu'ils en deviennent peu à peu l'âme visible. »

Jean COCTEAU

Nous voilà donc avec, dans notre maison, un prédateur à peine assagi qui peut parfois retourner à l'état sauvage. Pourtant nous aimons vivre à son contact et – dans la grande majorité des cas – nous n'avons pas envie de renoncer à une cohabitation si précieuse. Partager sa maison avec un ou des chats, c'est accepter l'altérité, c'est faire l'expérience quotidienne qu'il est possible de vivre en harmonie avec des êtres très différents à condition de respecter l'autre dans son étrangeté et de savoir établir avec lui des zones d'échanges aux profits mutuels, dont le moindre n'est pas la surprise du plaisir partagé de la rencontre.

Se trouver, cela veut dire partager un lieu de vie. Ce sera donc la deuxième étape de notre voyage, notre deuxième clé pour pénétrer le royaume des chats : l'harmonie de leur habitat, la possibilité pour eux de pouvoir l'organiser à leur guise, en respectant quelques points fondamentaux, constitue la base de leur équilibre.

Il est alors facile de comprendre que c'est aussi la cause de bien des troubles.

Princesse Choupette

Choupette est une princesse, selon sa propriétaire, Carole.

Elles occupent un appartement en région parisienne que vient parfois occuper aussi la fille de Carole. Tout va bien dans leur vie : elles partagent des moments de tendresse, l'existence est bien organisée. Choupette se repose souvent sur le lit de sa propriétaire, ou dans une armoire. Elle est très propre : tous ses besoins sont faits dans la litière.

Et puis le confinement arrive : pour le rendre plus agréable, Carole décide d'aller se réfugier dans la maison de ses parents dans le Midi. Ils auront beaucoup plus d'espace. Sa fille vient ainsi que son fils avec sa petite amie et un copain : au bout de quelques jours, et au grand dam de Carole qui craint des dégâts dans la maison maternelle, Choupette devient malpropre. Elle urine sur un lit, puis sur le canapé, puis sur le fauteuil.

La princesse est devenue une souillon.

La propriétaire a une hypothèse qui pourrait être valable : la chatte a été « stressée » par le déménagement hâtif. La présence d'habitants différents pourrait aussi l'inquiéter. Le fils n'est une figure ni très familière ni très apaisante pour le chat au dire de sa mère. Pourtant la prise de commémoratifs ne permet pas de repérer le développement d'un état anxieux, et ce que fait Choupette est de l'élimination indésirable, pas du marquage.

Précision nécessaire

Il faut prendre un instant pour expliquer cela, c'est un point primordial pour le diagnostic.

Quand un client arrive en se plaignant que son chat est malpropre, en fait cela ne nous apprend rien si nous n'allons pas plus loin dans le questionnaire.

En cinq questions, il est presque toujours possible de faire la part d'une élimination modifiée, indésirable ou d'un marquage urinaire.

	Élimination indésirable	Marquage urinaire
Posture	Accroupie	Debout
Surface d'élimination	Horizontale	Verticale
Quantité	Importante	Faible
Vocalisation	Absente	Présente
Séquence	Élimination *(Renifle au sol, gratte, se retourne, s'accroupit, élimine en silence, gratte, recouvre, vérifie.)*	Marquage *(Fait du* flehmen, *se retourne, queue dressée, envoie un jet d'urine en émettant un son particulier et s'en va.)*

L'élimination est un moment de vulnérabilité : il faut être silencieux et précis pour recouvrir ses traces. Le marquage est une communication destinée aux autres chats : elle associe plusieurs canaux de communication.

Cette distinction n'est pas que théorique : le marquage urinaire accompagne les états d'anxiété et il faut en rechercher les causes. L'élimination indésirable, elle, s'installe avant tout quand le champ d'élimination a été modifié et est devenu inexploitable pour le chat.

Dans le cas de Choupette, nous sommes pendant le premier confinement et c'est une téléconsultation que nous faisons. Alors que nous parlons, la chatte s'installe sur le fauteuil en face de Carole et produit une magnifique séquence complète d'élimination. C'est un des intérêts de cette technique aujourd'hui autorisée dans certaines conditions : cela nous permet d'assister à des comportements qui, sinon, nous sont, au mieux, décrits par les propriétaires. Je demande à Carole de me faire visiter la maison en vidéo et, surtout, les points de repos, les lieux d'alimentation, les endroits d'observation et d'interaction, et la zone d'élimination.

La visite de la salle de bains où a été positionnée la litière va nous apporter la solution. Dans la précipitation de l'exfiltration parisienne, personne n'a pensé à emporter le sac de la litière habituelle et appréciée par la chatte. Dans la petite supérette du lieu de confinement, Carole a déjà été bien contente de trouver un produit de remplacement, mais cela n'a pas convenu à Choupette. Vous pensez que c'est un caprice de princesse ? Pas tout à fait.

L'organisation de leur lieu de vie est un élément central de l'équilibre des chats, un point non négociable de leurs exigences éthologiques. Ils ne tapent pas du pied pour avoir le produit qui leur plaît, la désorganisation des zones majeures de leur biotope les met en déséquilibre.

Quand nous avons réussi à retrouver pour Choupette le bon substrat, nous avons ajouté un complément alimentaire aux vertus anxiolytiques pour empêcher cette rupture écologique de provoquer un déséquilibre émotionnel et pour limiter le risque de la survenue d'un état anxieux qui pourrait alors fixer le comportement. Carole n'a pas eu le temps de le donner :

dès que la caisse d'élimination a retrouvé les caractéristiques familières pour le chat, la malpropreté a disparu.

Les exigences de la souillon pour redevenir princesse n'étaient pas très importantes !

Chat, miroir de nos valeurs

Aujourd'hui certains voudraient que le chat soit roi[1] alors que cette volonté est sans doute aussi éloignée dans leur esprit que celle de devenir petit rat de l'Opéra dans l'esprit de Teddy Riner. Plus les chats sont présents, plus ce que nous entendons à leur sujet semble ne pas participer du respect élémentaire à la découverte d'une espèce : ne pas l'affubler des défauts et des qualités humaines (anthropomorphisme) ni ne la juger qu'à l'aune des capacités spécifiques humaines, ce qui renvoie toutes les autres espèces à un statut inférieur (anthropocentrisme). Ce sont les deux écueils que nous essaierons d'éviter même si je ne recule pas devant le fait de rendre accessible le monde des chats en faisant des comparaisons avec le nôtre. Il nous faut garder en tête cette phrase de Wittgenstein à propos d'un autre grand félin : « Si un lion pouvait parler, nous ne pourrions pas le comprendre. » Nous, êtres humains, passons notre temps à interpréter ce que nous voyons dans nos systèmes de croyances, de références et de valeurs. Cela a coûté très cher aux chats quand leur comportement étonnant les renvoyait au diable et aux sorcières, aujourd'hui ils deviennent iconiques quand ce même comportement correspond aux valeurs de l'époque.

Le chat n'est pas roi mais il est en passe de gagner (c'est déjà fait au moins en France et en Allemagne) la bataille de la popularité chez les animaux domestiques.

Imaginez plutôt, au début de mon exercice professionnel à la fin des années 1980, la France comptait plus de 10 millions de chiens pour moins de 8 millions de chats. Aujourd'hui, au début des années 2020, ce sont plus de 15 millions de chats qui ont fait de la France le premier pays en termes de ratio avec plus de 1 chat pour 5 habitants et surtout avec un point très particulier : le nombre de nos félins domestiques est plus du double de celui des chiens (15,2 pour 7,5). Cela n'est vrai à ce point nulle part ailleurs, et, si l'engouement pour les chats est partagé presque dans le monde entier, il est frappant de voir que, en France, cela se fait au détriment des chiens.

Il y a des raisons qui tiennent aux chiens : je pense que la loi sur les chiens dits dangereux et la couverture médiatique qui s'est ensuivie ont induit la population en erreur sur le danger réel et ont diminué l'appétence naturelle pour ce meilleur ami de l'homme. Bonne nouvelle à propos dans une époque qui n'en compte pas beaucoup : l'épidémie de coronavirus a relancé de manière impressionnante l'envie d'avoir un chien. Nombreux sont les pays, et c'est le cas aussi en France, où il y a eu une telle demande que cela a déclenché une pénurie de chiots. Les chiots de confinement ont par ailleurs parfois quelques problèmes de comportement, mais c'est une autre histoire. Le déclin, temporaire et, nous l'espérons, réversible, des chiens n'explique qu'une infime partie de la progression des chats.

Deux facteurs ont contribué à cette invasion féline pacifique :

- le chat est un vecteur idéal de la communication Internet ;
- le chat correspond à de nouvelles manières de vivre.

Star d'Internet

La première raison est esthétique, et il faut l'avouer : il n'y a pas grand-chose de plus joli qu'un chaton. Champions de la mignonnerie, ils sont les vedettes d'Internet et des réseaux sociaux. Cela fait parfois le désespoir des vétérinaires qui essaient d'animer le site Internet de leur clinique avec des actualités thérapeutiques et des nouvelles scientifiques sans avoir beaucoup d'écho, alors que la moindre image de portée de chatons génère un trafic important sur leur site. Même les adultes connaissent la gloire, et vous connaissez sans doute l'histoire du chat « Tardar Sauce » dont le surnom était Grumpy Face (« visage grincheux »). Le frère de la propriétaire, Tabatha Bundesen, était photographe et a diffusé ces images qui ont ensuite connu un immense succès à travers les mèmes, ces images portant une légende appuyée sur l'air négatif du chat. « Grumpy Cat » a diffusé dans le monde entier des messages de mépris, voire de haine vis-à-vis des humains qui ont amusé des millions d'internautes. Mais l'histoire de ce chat n'est pas qu'une histoire de communication virale, c'est aussi l'histoire d'une monétisation impressionnante : même si la propriétaire n'a jamais voulu le confirmer, il semblerait que Grumpy Cat ait gagné, grâce aux publicités, autres marchandises et procès pour plagiat, environ cent millions de dollars[2].

Cette histoire raconte plusieurs choses : l'universalité de l'image de ce chat qui a plu sur tous les continents par ses messages désabusés, et c'est un point important. Le chat Grumpy est une icône de la moquerie et du sarcasme.

Je suis étonné aussi que personne n'ait été choqué par le fait que le faciès particulier de ce chat était dû à une forme de nanisme, ce qui de façon évidente invalide toute pertinence du message et place cet animal dans un monde bien différent de celui des humains. Il serait inimaginable d'avoir des images d'un humain achondroplasique pour porter des messages humoristiques surtout aux États-Unis, pays qui s'est érigé en chantre d'une bien-pensance politique qui est souvent une limite à l'humour. Les mèmes, ces petits messages, ne se moquaient pas de la malformation faciale du chat mais l'utilisaient pour véhiculer un message qui semblait en accord avec l'air renfrogné de ce chat, dû à son handicap. Cette malheureuse minette (eh oui, c'était une chatte) est morte à 7 ans d'une insuffisance rénale. Si je ne suis pas choqué par les gains (nous nous sommes habitués maintenant à la surface financière que peuvent générer des influenceurs du Web et que l'un ait été un chat peut être plutôt réjouissant), mais je suis ennuyé que les messages qu'il lui a été demandé de véhiculer aient été des messages négatifs. Un des derniers que j'ai vus, longtemps après sa mort, était : « C'est définitif. Les chats ne transmettent pas le Covid mais ils le feraient s'ils le pouvaient. » Je suis amusé comme tout le monde quelquefois par certains messages humoristiques tout en regrettant que cela brouille sans doute encore un peu plus l'image des chats.

Les raisons d'un engouement

L'inversion de la courbe entre la possession de chats et la possession de chiens peut s'expliquer, en France, par le mode de vie. L'épidémie de Covid-19 a changé beaucoup de choses, et ce que j'entends auprès de mes confrères est plus un engouement pour les deux espèces qu'une écrasante majorité d'adoptions de chats depuis les confinements. Si nous rembobinons le cours de nos vies jusqu'au début des années 2020, que voyons-nous ? Beaucoup de Français vivent dans des logements petits, en plein cœur des villes, et n'imaginent plus accueillir un chien, d'autant plus que les lois sur les chiens dangereux en ont terni l'image et une fois de plus cela explique qu'il y a moins de chiens que de chats. Ce serait oublier l'envie, le besoin souvent ressenti comme une nécessité par beaucoup d'humains de vivre avec d'autres espèces animales : cela représente la promesse, presque toujours tenue, d'une relation positive, porteuse de sentiments d'affection, de tendresse, voire d'amour. La présence d'un animal domestique familier, en relation, aide à vivre, améliore la santé et augmente l'espérance de vie. Cela peut paraître très cliché mais nous pouvons convoquer quelques centaines de publications scientifiques à l'appui de cette assertion dont une méta-analyse récente venant authentifier l'augmentation de l'espérance de vie liée à la possession d'un chien[3].

Il y a moins de littérature sur les bienfaits du chat. Bien sûr, les chats n'imposent pas plus d'exercice physique et ne provoquent pas plus de rencontre sociale : quand les scientifiques cherchent à mesurer l'impact sur le bien-être et sur l'humeur, c'est donc l'effet de la relation qui est mesuré. Nous n'entretenons pas les mêmes relations avec un chat et avec un chien, cela peut sembler une évidence mais c'est pourtant la source de beaucoup de malentendus. Par exemple, beaucoup d'études sont faussées par le fait d'inclure des éléments qui n'appartiennent qu'à la relation possible à établir avec un chien[4]. Les personnes qui ont adopté ou acheté des chats par défaut, parce qu'elles ne pensaient pas pouvoir avoir un chien mais qui en attendent la même chose, peuvent être déçues.

En tout cas, l'urbanisation a favorisé l'augmentation du nombre de félins domestiques. Mais pourquoi la France serait-elle le seul pays où il y a une telle différence entre nombre de chats et nombre de chiens ?

Si les Français choisissent leur animal en fonction de leur lieu de vie, ils le font aussi par rapport à leurs conditions de travail. Nous sommes le pays avec le nombre de jours de congé le plus important d'Europe, et, en tout cas avant l'épidémie, la réduction du temps de travail, qu'elle se concrétise en heures ou en jours, a favorisé des comportements d'absences répétées au logement, de minivacances qui peuvent être difficiles à organiser avec un chien (ou génératrices de frais), alors qu'avec un chat un distributeur de nourriture automatique, une litière bien nettoyée avant de le laisser, et il est possible de laisser Minou deux ou trois jours sans conséquences notables dans la plupart des cas.

En plus d'être beaux, les chats sont donc pratiques !

Attention, ne vous y fiez pas ! De plus en plus de chats expriment des symptômes quand ils sont laissés trop longtemps seuls : léchage compulsif au point d'enlever tous les poils de la queue ou du ventre, malpropreté urinaire ou fécale, différents marquages, autant de signes de plus en plus présents qui indiquent à quel point la régularité de la relation est un facteur majeur pour Minou et ses congénères.

Enfin, et c'est sans doute le facteur le plus important, les chats correspondent aux tendances de notre époque. Ils sont les hérauts de certaines valeurs :

– le respect du corps (ne dévoilons pas tout, tout de suite, mais c'est une autre clé) ;
– et le « cocooning », cette attention à nos intérieurs pour en faire un havre de paix et une ressource psychique. Cet élan-là nous a rapprochés des chats qui pratiquent cet art depuis des millénaires.

Homeland

Le chat n'est pas roi, mais, quand nous le regardons avec nos yeux, au travers des prismes évoqués, nous le voyons arpenter son lieu de vie comme s'il lui appartenait, prendre des positions hiératiques, et cela peut nous renvoyer à des images de solennité et de pouvoir. Gardons-nous de ces erreurs d'interprétation, utilisons nos clés. Vous vous souvenez de la première clé que je vous ai donnée : les chats sont à la fois des proies et des prédateurs.

Vous en avez maintenant une seconde : leur lieu de vie revêt une grande importance. Raisonnons chat : suivons le fil rouge qui nous guide dans le labyrinthe de leur tête. Souvent, je vous demanderai d'essayer de vous mettre à la place des chats, non pas d'essayer de penser comme un humain à la place d'un chat, mais de voir le monde à travers les yeux, le cerveau, les émotions et les cognitions d'un chat. C'est un exercice difficile, presque impossible. Pour comprendre comme un chat, il faudrait voir, entendre, sentir comme un chat, avoir des vibrisses (ses longs poils sensoriels) et savoir intégrer leurs informations. Mais vous verrez, avec un peu d'entraînement, vous vous mettrez vite à la place de votre félin domestique. Il sera peut-être détrôné mais il n'en sera que plus passionnant.

Proie et prédateur, équipé de sens différents et adaptés à cette dualité, le chat organise toujours son lieu de vie pour répondre aux exigences de cette double nature : savoir se protéger et pouvoir chasser.

Dans les cas cliniques que je rapporte, c'est très souvent la rupture d'harmonie entre ces deux pôles qui crée le déséquilibre. Cela va déclencher les symptômes cliniques : le chat exprime son incapacité à réorganiser de manière satisfaisante son territoire.

Réglons tout de suite un point de discorde entre scientifiques. Plusieurs fois, j'emploierai le mot de territoire qu'il faudra considérer au sens banal et non au sens éthologique. Une espèce territoriale est définie comme une espèce défendant toutes les parties de son territoire, en particulier contre ses congénères, hormis son partenaire sexuel et sa progéniture. Cette vision ne correspond pas à l'espèce féline : si beaucoup de chats sont capables de défendre – et avec quelle efficacité ! – certaines parties de leur environnement, cela ne va pas être vrai pour tout l'espace qu'ils occupent. Ils vont aimer au contraire partager certains endroits à certains moments pour des jeux, des câlins, bref, toute une panoplie de relations qui les excluent de fait de la définition d'une espèce territoriale.

Il est sans doute temps de changer notre paradigme sur cette notion de territorialité et d'y apporter nuances et finesse. Le travail de Vinciane Despret[5], s'il porte sur les oiseaux, trouve beaucoup de résonance dans notre travail actuel de remise en perspective de cette notion de territoire, et en la paraphrasant je dirais volontiers : « Il faut arrêter de considérer les chats comme des petits-bourgeois. »

Nous parlons donc parfois de territoire au sens de lieu de vie, de biotope, de domaine vital. Ces quatre expressions sont pour nous équivalentes, et, même si parfois le mot « territoire » se glisse dans ces pages, il ne renvoie pas le chat à la définition étroite d'une espèce territoriale.

Pourtant, la base de l'équilibre d'un chat est un lieu de vie satisfaisant qui lui permet de se sentir en sécurité mais aussi d'exprimer ses comportements naturels d'exploration, d'observation et de chasse.

Mais alors, s'il faut tout cela, est-il possible de faire vivre un chat en appartement sans contrevenir à ces règles fondamentales et sans devoir le considérer comme un animal captif victime d'une maltraitance fondamentale dans l'empêchement de l'expression de son comportement naturel ?

La réponse est maintenant catégorique et positive. Oui, un chat peut être en parfait équilibre en vivant à l'intérieur d'un appartement s'il peut y trouver les ressources nécessaires. Rassurez-vous, cela n'est pas très compliqué de remplir les bonnes conditions et la grande majorité des chats vus dans les cliniques vétérinaires sont les témoins d'existences heureuses et riches de toutes les expériences nécessaires.

Cette sensation partagée par beaucoup de praticiens ne constitue évidemment pas une preuve. Nous la traiterons en détail plus loin (chapitre 4, p. 163), mais retenez dès à présent que certaines publications et certains travaux réalisés à l'intérieur de notre diplôme universitaire de psychiatrie vétérinaire établissent l'absence de différence de prévalence des troubles comportementaux chez le chat pouvant sortir et chez celui qui ne le peut pas.

Cinq besoins fondamentaux

Pour l'instant, je vous invite à comprendre la construction d'un biotope de chat.

Retenez le chiffre 5. C'est un chiffre presque magique pour comprendre les chats.

Ils organisent leur monde en différents champs. Quel que soit leur environnement quotidien, intérieur ou extérieur, en cage à la clinique vétérinaire ou en liberté dans 5 hectares, il va être possible d'identifier 5 catégories de champs qui correspondent à 5 besoins fondamentaux.

Les 5 champs de son milieu de vie

- Le champ d'isolement : là où le chat se repose, se toilette et où il doit ressentir une sécurité maximale.
- Le champ d'alimentation : là où il va trouver sa nourriture.
- Le champ d'élimination : un endroit choisi avec soin pour pouvoir éliminer en toute sécurité et la source de beaucoup de quiproquos avec les humains.
- Le champ d'activités (solitaires) : le chat peut passer beaucoup de temps à observer, chasser, jouer sans avoir besoin de partenaires.
- Le champ d'interactions : bien que non obligatoires, les interactions peuvent être recherchées et très appréciées par notre félin domestique. Cela se passe en général dans des lieux particuliers à des moments précis.

Ces champs sont reliés entre eux par des chemins invariables, organisés selon un balisage phéromonal distinctif.

Cette dimension est très spécifique au chat : à côté du système olfactif principal, il existe un système olfactif accessoire dédié à la détection des phéromones.

Le territoire félin est donc organisé en fonction de leurs cinq sens avec un commandant à bord : l'olfaction dans ses deux composantes.

Il faut ajouter à cela une dimension temporelle. Tel lieu fixe de la maison peut ne jamais être utilisé comme champ d'isolement le matin mais être très apprécié l'après-midi.

Territoire et harmonie

Ces champs nous apprennent beaucoup sur l'équilibre comportemental du chat en fonction de leur existence, de leur stabilité et de leur répartition.

Une fois décrite cette organisation très générale, il est nécessaire d'entrer dans son détail. Si vous avez un chat, prenez un carnet ou un papier et essayez de dresser la carte du biotope de votre chat : vous verrez, cela expliquera beaucoup de ses comportements.

Le champ d'isolement : *Panic Room*

À tout seigneur tout honneur.

Réfléchissez chat : si vous êtes une proie, alors vous cherchez pour vous reposer et pour faire votre toilette – deux moments où ne vous pouvez pas être aux aguets autant qu'il peut être nécessaire – un endroit très sûr. En revanche, si vous êtes en mode prédateur ou, en tout cas, en mode « Je ne sens aucun danger alentour », alors vous pouvez bien vous allonger à découvert, dans un endroit accessible aux autres que vous ne considérez pas comme des dangers.

Alors, quel est l'endroit de prédilection de votre chat pour ses nuits ou ses longues siestes ?

Tandis que Figaro est toujours perché en haut d'une armoire, dans un vase ajouré assez vaste qui lui assure une cachette parfaite tout en lui permettant de surveiller les alentours, Tounet, lui, a choisi un fauteuil à bascule dans une pièce tranquille mais accessible. Pour les chats qui ont partagé ma vie, Hermione la mystérieuse était toujours cachée pour se reposer, Chiquita occupait le milieu de l'assise du canapé. Galy, la petite sphynx déjà évoquée, pouvait dormir sur mon ordinateur entre moi et l'écran. Aujourd'hui, Flora, quand elle le peut, dort sur moi, elle arrive à pas de velours pendant mon sommeil et s'installe sur mon dos où je fais semblant de ne pas la voir.

Nous avons déjà évoqué les chats souffrant du syndrome HsHa, les chats hyperactifs : un des éléments clés du diagnostic est la perturbation du lieu de couchage : ces chats s'endorment n'importe où, là où ils étaient en train de jouer cinq minutes avant. Les parents d'enfants hyperactifs décrivent un peu la même chose, la difficulté de mettre leurs enfants au lit jusqu'au moment où, comme un interrupteur qui interrompt l'activité par épuisement, ils s'endorment là où ils sont[6].

J'ai gardé pendant des mois Rammus, le chat roux de mon fils. Le diagnostic de syndrome HsHa ne faisait aucun doute, et son traitement lui a sauvé la vie. Si j'en parle ici, c'est parce qu'il a illustré de façon à la fois chaotique et amusante cette incapacité d'un hyperactif à constituer son champ d'isolement comme les autres chats.

J'ai ainsi des photos de Rammus endormi au milieu du salon de mon fils, sur le parquet. Si vous voulez vous mettre un tant soit peu à l'abri, vous ne faites pas ça. N'importe qui peut survenir et vous sauter dessus ou vous blesser. Au fur et à mesure du traitement, Rammus a appris qu'un champ d'isolement répondait à certains critères : il a choisi des lieux en hauteur mais encore bien exposés comme la table de la salle à manger, le banc d'haltérophilie ou la planche à repasser, puis il a encore haussé la mire et est allé se coucher dans des endroits qu'aucun chat avant lui dans la maison n'avait utilisés. Le haut des meubles de cuisine, à plus de deux mètres, est devenu un de ses endroits préférés. De temps en temps, me sentant épié, je levais les yeux et rencontrais son regard sous deux petits triangles d'oreilles pointées vers moi. Enfin, quand il a progressé, la nécessité d'être entouré, protégé lui est apparue. Il a alors essayé la corbeille à linge, posée elle-même parfois sur la planche à repasser. C'est un classique pour beaucoup de chats et une malédiction pour ceux qui s'occupent du linge et le retrouvent plein de poils. Chassé de la corbeille, il a investi les lavabos. Je le retrouvais roulé en boule dans le lavabo de la salle de bains et, quand je lui signifiais que je devais l'utiliser et que donc l'eau allait envahir son nid, j'ai cru distinguer quelques fois un air de reproche, et il a pu m'arriver de changer d'endroit si je devais juste me laver les dents. Et puis il y a eu les placards, mais l'intérieur ! Il était facile de savoir qu'il avait élu un nouveau domicile quand la pile de vêtements au sol désignait qu'un endroit avait été élu par le chat. Depuis lui, je ne manque pas de poser la question et de faire de la construction du champ d'isolement un élément de suivi dans le traitement d'un syndrome d'hyperactivité. Là où un hyperactif n'arrive pas à constituer un champ d'isolement régulier et apaisant, les anxieux, eux, vont toujours en trouver un le plus protecteur possible, le plus caché possible et qu'ils ne vont pas souhaiter partager. Enfin, dans la plupart des cas… Là encore la généralisation conduit à l'erreur, et quelques propriétaires nous racontent que le chat ne peut dormir que contre eux… dans leur cou ou sur leur tête. Nous recherchons alors les signes d'autonomopathies, c'est-à-dire de ces affections qui empêchent un animal adulte d'accéder à l'autonomie et le laissent dépendant de la présence de la figure d'attachement.

Parfois, c'est juste un choix de la part du chat mais cela demande à être vérifié.

Ainsi, le lieu choisi par nos chats nous dit déjà beaucoup sur leur équilibre émotionnel.

Le champ d'alimentation : Delikatessen

Nos chats domestiques sont des commensaux. Ils profitent de notre nourriture sans nous porter préjudice. Et encore, cela est vrai quand nous ne les laissons pas chasser à leur guise, sinon ils peuvent très bien être autosuffisants. Quand nous contrôlons leur nourriture, trois points sont à prendre en considération :

- le lieu où ils se nourrissent qui doit être protégé et qui doit leur permettre de s'adonner à cette activité sans prendre de risques ;
- mais aussi la fréquence avec laquelle ils vont manger ;
- et enfin la nature de ce qui va être mangé.

Une fois de plus, nous devons oublier ce que nous savons de nous-mêmes, nous devons oublier ce que nous savons des chiens et essayer d'entrer dans la tête de ce petit félin, à la fois proie et prédateur. En milieu naturel, il passe beaucoup de son temps à chasser. Dans ces cas-là, il est à l'affût et il est par conséquent très vigilant. Il est donc en même temps en mode chasse mais aussi en mode protection. Il va pouvoir rester pendant des heures à guetter des trous dans lesquels il a vu disparaître des petits mulots et campagnols qu'il va saisir quand ils vont réapparaître. Il peut aussi guetter pendant de très longues périodes des oiseaux avec une très faible, mais non nulle, probabilité de succès.

Suivant les ouvrages éthologiques classiques[7], un chat consomme ainsi dix à quinze fois par jour l'équivalent d'un petit mulot.

Pourquoi manger souvent des petites proies et ne pas faire comme son grand cousin le lion et choisir une grosse proie qui le rassasierait pour plusieurs jours… ?

J'imagine que vous commencez à anticiper la réponse. Que font les lions après avoir fait ces copieux repas ? Ils digèrent en dormant… sans aucun risque d'être attaqués pendant leur sommeil. Ce n'est pas le cas du chat : il est beaucoup plus sûr de faire des petits repas et de nombreux petits sommeils dans des endroits bien protégés que de s'exposer trop longtemps inconscient et d'être découvert par un autre prédateur. La double nature proie-prédateur est encore la clé de compréhension de ce comportement.

Une fois que nous avons compris cela, une autre question se pose : connaissant cette exigence éthologique, pouvons-nous y répondre dans une vie citadine à l'intérieur d'un appartement ? Bien sûr ! En répartissant la distribution d'alimentation, nous pouvons combler ce besoin fondamental. C'est une cause fréquente d'affection comportementale qui, par bonheur, est facile à réparer une fois qu'elle est découverte. Prenons Coquin, beau chat européen noir qui m'est présenté en consultation pour une perte de poils importante sur le ventre et l'arrière des cuisses, ce que nous appelons une alopécie extensive féline. C'est un chat par ailleurs gentil et assez ventripotent. Son embonpoint ne suggère aucun déficit en quantité de l'alimentation : et pourtant !

Coquin a été vu par son vétérinaire habituel qui l'a envoyé consulter un spécialiste en dermatologie. Il faut dire que la cause la plus courante de ces alopécies reste la présence de puces et une réaction allergique à leur salive. Ici tout a été vérifié, la présence de parasites a été exclue ainsi que toute infection bactériologique ou toute mycose. C'est souvent à ce moment-là que l'hypothèse comportementale est évoquée. Quand nous regardons la peau de ces chats avec des lunettes binoculaires, nous allons observer une peau saine et une alopécie, une absence de poils auto-infligée. C'est le léchage compulsif exagéré du chat qui a fait disparaître les poils. Ceux-ci sont très courts, coupés à ras, comme s'ils avaient été tranchés à la base avec des ciseaux très affûtés. Les papilles cornées de la langue du chat ont servi de râpe et ont coupé les poils à la base, dans une séquence de léchage compulsif qui ne connaît plus de signal d'arrêt. Ce léchage est une activité substitutive et c'est un marqueur important d'anxiété. La boulimie est un autre de ces marqueurs. Chez Coquin, les deux activités ont des conséquences : le surpoids, modéré, et l'alopécie, beaucoup plus sévère. Il souffre donc d'un état anxieux mais il nous reste à comprendre quelle en est la cause. Le travail d'enquête étiologique est toujours un moment à la fois délicat et passionnant : c'est là que nous nous glissons dans la tête de nos patients et parfois dans celle des humains qui les accompagnent.

Alain et Jacqueline aiment beaucoup Coquin et ils souhaitent lui apporter soins et bien-être. Dans la quête du détail qui va permettre le déclic, soudain j'apprends un point primordial :

« Comment nourrissez-vous Coquin ?

– Nous avons toujours eu des animaux. Alors nous faisons pareil…

– Mais vos autres animaux étaient aussi des chats ?

– Ah non, nous n'avons toujours eu que des chiens.

– Et vous lui donnez combien de fois ?

– Une fois par jour, comme nous avons toujours fait. »

Le but n'est pas de pointer l'erreur mais de comprendre la cause de l'état anxieux. Les chats ne sont pas des petits chiens, il nous faut le répéter sans cesse, et Coquin en est encore une preuve.

J'ai vu Coquin en mai sans un poil sur le ventre, je le revois en août avec un joli pelage noir qui a bien recouvert toutes les zones dépilées. J'ai accompagné le rééquilibrage de la distribution alimentaire par un nutraceutique très efficace pour le contrôle des états anxieux. Dans des cas comme celui-ci, la cause étant découverte, le chemin de la guérison est bien tracé.

Ne l'oubliez pas, pour favoriser son bien-être, un chat doit manger de nombreuses fois par jour.

Parfois la découverte de la cause est plus subtile, le régime alimentaire est le coupable, mais ce n'est pas la mise à disposition qui pose problème mais la nature de l'aliment.

Certains chats aiment la nourriture sèche comme les croquettes. D'autres préfèrent la nourriture humide. Là encore, dire une généralité à propos des chats, c'est dire une bêtise, et, si vous vivez avec un chat, vous devez connaître quels sont vraiment ses besoins mais aussi ses goûts.

J'ai ainsi été contacté par une consœur pour le chat de sa clinique vétérinaire... un chat mascotte comme il y en a tant. Les vétérinaires se laissent très souvent attendrir par une bouille particulière ou une histoire touchante. Biscotte avait gagné sa place dans cette clinique après avoir été amené par les pompiers avec un œil très abîmé et en misère physiologique. Après l'avoir requinqué et avoir enlevé l'œil atteint, un lien s'est noué, et Biscotte s'est installé, naviguant partout dans la clinique. Il est même devenu une vedette faisant ami avec tous les humains et tous les animaux. Si un chien aboie à son passage, il l'évite mais jamais il ne crache ou ne griffe... un amour de chat. Avec juste quelques défauts : il cambriole tous les sacs de croquettes prévus pour la vente. Au bout de quelques semaines, l'accès à la réserve et à la salle d'exposition lui a été interdit. Nul besoin de préciser qu'il avait à sa disposition, en libre-service, des croquettes d'excellente qualité. Encore quelques semaines, et un peu comme Coquin, Biscotte se met à lécher son ventre au point d'enlever tous les poils. Ma consœur, excellente généraliste, férue de dermatologie et de comportement, a suivi plusieurs pistes. Les puces ? Exclues ! Une allergie à un autre élément aurait rétrocédé au traitement corticoïde qui n'a rien donné. Elle a alors songé à un déficit d'autocontrôles, comme dans le syndrome HsHa qui peut rendre les animaux voleurs en lien avec une faim insatiable. Cela étonnait un peu le praticien, les autres signes n'étant pas présents : pas de courses folles, pas d'hypersensibilité. Le chat ne sautait pas partout, ne réagissait pas à tout. Il dormait bien, dans des champs d'isolement adaptés et il contrôlait bien ses griffes et ses dents… sauf sur les fameux sacs, tous éventrés mais sans jamais être consommés. Sans surprise, le traitement d'hyperactivité ne l'a pas amélioré. L'hypothèse d'un état anxieux, lié à l'interdiction d'accès et donc à la modification du biotope, était aussi une bonne piste. Traitement et enrichissement du milieu n'ont pas apporté d'amélioration. Biscotte était toujours gentil et amical mais n'avait plus de poils sous le ventre et ouvrait toujours tous les sacs qui lui tombaient sous la dent.

Il est toujours difficile d'intervenir après autant d'essais infructueux : mais, appelé à l'aide, j'ai essayé de comprendre ce qui pouvait se passer dans la tête de ce chat. Amené par les pompiers, son âge exact nous est inconnu, mais il est possible qu'il ait passé quelques semaines au contact de sa mère. Les chattes qui n'ont besoin de personne pour connaître le dur labeur d'être à la fois une proie et un prédateur inculquent beaucoup de choses à leur chaton : comment recouvrir ses traces, comment se cacher en hauteur et aussi comment chasser. Quand elles en ont la possibilité, elles apportent une proie morte quand les chatons ont environ six à sept semaines et puis, trois semaines après, elles apportent une proie vivante. Connaissance des proies et apprentissage des techniques de chasse, le programme est chargé. Pour certains chatons qui ont reçu cet enseignement, rien ne remplace jamais la proie. La nourriture humide peut s'en rapprocher, mais les croquettes ne satisfont pas leur besoin profond. Ce qui m'a mis la puce à l'oreille, c'est le fait que ce chat avait une passion pour les prises de sang. Ce n'est pas un symptôme classique faute de circonstances propices. Il faut être chat de vétérinaire pour pouvoir l'exprimer. Soudain le symptôme d'ouverture sans consommation pouvait prendre sens. Nous nous sommes dit qu'il fallait aller plus loin dans le travail d'empathie vis-à-vis du chat. Qu'est-ce qui pouvait lui faire ouvrir plusieurs sacs sans consommer ce qu'il arrivait à obtenir ? Une fois le sac ouvert, il aurait pu manger beaucoup de croquettes, et c'est ce qu'aurait fait un hyperactif. Biscotte, lui, allait en ouvrir un autre. C'est ce qui nous a donné l'idée que ce qui manquait à ce chat, c'était en fait l'accès à une nourriture humide, la nourriture fraîche qui puisse lui rappeler plus l'aspect de la proie que ce que pouvaient faire les croquettes. Nous avons décidé avec ma consœur de lui distribuer sept à huit fois par jour de la nourriture humide la plus proche de ses goûts tout en lui donnant une forte dose du produit anxiolytique issu du lait. Après quelques semaines de ce double traitement, nourriture humide distribuée très souvent et nutraceutique, j'ai reçu un coup de fil m'indiquant que Biscotte avait arrêté de se lécher et que son poil commençait à repousser.

Manger pour un chat est primordial dans toutes ses composantes et cela ne se résume pas au lieu (le champ d'alimentation), mais importent aussi et surtout la fréquence des repas et parfois comme c'est le cas ici la nature même de la nourriture.

Le champ d'élimination : une exigence de propreté

Ah ! les chats et leur réputation d'être propres, réputation justifiée. Ceux qui ont pris à 8 semaines, l'âge légal minimal d'adoption, un chiot ou un chaton connaissent la différence. Si, avec un chien, vous avez encore pour deux à trois mois de travail pour lui apprendre la propreté, il y a de grandes chances que votre chaton vous soit « livré » déjà propre. Pourquoi cette qualité ? Pourquoi cette rapidité d'apprentissage ?

Chez le chien, espèce sociale, tout au plus l'apprentissage va consister à ne pas faire ses besoins sur son lieu de couchage et à utiliser des latrines, une partie où tout le groupe s'exonère pour éviter qu'il y ait des saletés partout.

Chez le chat, comme nous avions pu le voir lors de l'émission *Le Monde de Jamy* consacrée aux premiers mois de vie, la mère en fait un apprentissage actif, intentionnel[8]. Elle démontre aux chatons comment trouver le bon endroit, gratter puis ensevelir en décomposant la séquence et en vérifiant qu'elle a bien l'attention de tous ses jeunes élèves. C'est un point fort que les images prises nuit et jour dans cette pièce où la chatte élevait ses petits nous a révélé. L'apprentissage par imitation ne se fait pas par hasard, les mères, en tout cas celle-ci, donnent des « cours » à des moments où les chatons s'intéressent à elles :

cours de litière, cours d'autocontrôle, cours de toilettage, cours d'escalade ; tout ce qui est nécessaire à une proie pour échapper à ses agresseurs potentiels était passé en revue.

Pour la litière, attention, nous parlons bien ici d'élimination et non de marquage (voir p. 61). Nous avons déjà fait ensemble la différence entre ces deux comportements. La même clé va nous servir à ouvrir la porte de la compréhension. Le chat est une proie vulnérable au moment où il fait ses besoins, et ses excréments peuvent le dénoncer à l'odorat des prédateurs. Il est donc primordial pour lui de recouvrir avec soin et de vérifier qu'il laisse le moins de traces olfactives possible. C'est pour ça que, si vous observez votre chat, vous le verrez d'abord choisir l'endroit où il va éliminer en reniflant parfois longtemps puis gratter à l'endroit élu, se retourner, s'accroupir, éliminer dans la cuvette ainsi formée, de nouveau se retourner. Recouvrir, sentir de nouveau ; souvent, ce n'est pas satisfaisant, et le chat va rajouter une couche de sable et ensuite il va s'éloigner. C'est la séquence d'élimination normale. Elle connaît beaucoup de variations en fonction de la personnalité de chaque individu. Certains chats sont très minutieux, d'autres, beaucoup plus négligents, et un trouble comportemental peut altérer de façon importante la séquence d'élimination. Nous pouvons imaginer sans peine que notre ami hyperactif ne va pas être très attentif à la façon dont il va recouvrir ses excréments. Il va sauter dans sa caisse, très vite faire ses besoins et gratter d'une façon aussi intense qu'inefficace, c'est-à-dire sans recouvrir les besoins mais en mettant du sable tout autour de la caisse. Et puis il va partir en courant. Le chat phobique, lui, ne va pas supporter que sa caisse soit souillée de la moindre façon qui soit.

Autant de chats, autant de façons d'éliminer, mais quelques règles peuvent nous aider à offrir à nos félins le meilleur champ d'élimination possible. Cela peut paraître trivial de devoir ainsi se focaliser sur la litière. Quand on comprend l'importance pour le chat de la qualité de son champ d'élimination, alors cela devient intéressant de pouvoir connaître tous les éléments qui peuvent le gêner et donc déclencher des éliminations inappropriées, indésirables à l'extérieur de la caisse. Le chat va choisir dans ces cas-là un endroit qui lui convient, un endroit meuble qu'il peut gratter et où il peut recouvrir : les pots de fleurs, mais aussi le lit avec sa couette vont être des substituts favoris mais très peu appréciés des propriétaires.

La caisse d'élimination

Pour être efficace, elle doit répondre à quelques exigences simples à retenir, portant sur quatre caractéristiques majeures.

• *Le contenant :* c'est un fait, nos chats ont grandi au cours des dernières décennies. L'engouement pour certaines races géantes – le chat des forêts norvégiennes, le maine coon bien sûr – a fait passer les chats de 3 kilos et demi, il y a vingt ans, à presque 5 kilos aujourd'hui. Les caisses d'élimination standards proposées dans le commerce, elles, n'ont pas bougé et c'est une erreur. Le bac de bonne qualité doit faire environ une fois et demie la taille du chat du bout du nez à la base de la queue. Il doit pouvoir se retourner dedans et gratter. Beaucoup de malpropretés fécales sont reliées à une taille de caisse inappropriée.

• *Le contenu :* le substrat est primordial pour le chat et il dépend de ce à quoi il a été habitué au cours de son développement. Nous pouvons dire, grâce à des travaux d'une étudiante du DU de psychiatrie vétérinaire que, en majorité, les chats préfèrent les litières minérales[9]. Parmi elles, certaines litières ont leur préférence et chaque propriétaire se doit de connaître ce que son chat préfère. Dans le doute, il sera bon de choisir une litière à la granulométrie la plus fine possible. Les chats adorent la terre qui est très fine et cela explique que les pots de fleurs soient un deuxième choix tout à fait acceptable. Il suffit souvent de rajouter des grosses billes végétales pour stopper leur utilisation.

• *La localisation* : ni près de l'alimentation ni près du lieu de couchage. Le bac doit être situé dans un endroit calme, toujours accessible et où le chat est assuré de pouvoir prendre le risque d'être vulnérable sans être menacé ou dérangé. Nous nous trouvons souvent face à des situations de malpropreté liées à un mauvais emplacement. Mettre ainsi le bac dans les toilettes peut être une solution à condition de laisser la porte ouverte ou de créer un accès pour le chat (chatière simple par exemple). Même si le chat s'entend très bien avec le chien, il peut ne pas vouloir partager ces moments. Brutus, un jeune et amical boxer, accompagnait ainsi toujours Melody quand elle allait dans sa caisse et soufflait dans ses poils pendant qu'elle était accroupie. Ils jouaient ensemble le reste du temps et leur rapport était harmonieux, mais, à ce moment elle ne voulait pas jouer, juste éliminer en paix. La chambre étant interdite au chien, elle avait donc choisi le lit de ses humains pour pouvoir faire ses besoins en toute sérénité et elle recouvrait avec soin urine et excréments dans les plis des draps. Il a suffi de sanctuariser la pièce où se trouvait son bac pour régler la situation, alors que tout le monde pensait qu'il serait impossible de garder les deux animaux ensemble.

• *Le lieu doit aussi être fixe :* cela paraît une évidence mais parfois nous avons des surprises. J'ai suivi un groupe de chats pour malpropreté (et agression intraspécifique). Ces chats portaient des noms de philosophes, et, si je ne me souviens pas des deux autres, c'est la relation entre Platon et Socrate qui posait problème, en dépit de la vérité historique. Platon était un jeune chat, très intrusif, et Socrate, plus âgé, n'aimait pas du tout être dérangé. Platon, très farceur, se cachait et fonçait sur les autres chats en s'arrêtant à quelques centimètres. Les deux autres, qui étaient très stables, le regardaient sans réagir, dédaignaient à la fois sa menace ou son invitation au jeu, et reprenaient leur chemin. Socrate, lui, soufflait au jeune impertinent mais la situation ne se dégradait pas. Par excès de bonne volonté, les possesseurs, qui avaient remarqué que Socrate aimait beaucoup la chaleur, déplaçaient les paniers de repos pour suivre la course du soleil. Avertis du fait qu'il ne fallait pas avoir la caisse d'élimination à côté du panier, il leur arrivait de changer le bac de pièce. Même si nous sommes loin de vivre comme des chats, imaginez-vous entrer dans une pièce qui serait à tour de rôle et de façon imprévisible votre salon ou vos toilettes. Cette gentille attention avait été la goutte d'eau qui avait fait déborder le vase, l'état anxieux de Platon s'était dégradé, et les agressions par irritation avaient augmenté en fréquence et en intensité et provoquaient maintenant des ripostes de Platon. Il a fallu à la fois rétablir l'harmonie du biotope et sa stabilité en assignant une place immuable aux différents bacs d'élimination (il y en avait trois pour quatre chats, ce qui est un peu moins que ce que préconise la règle absolue : nombre de chats + 1, ici inapplicable) et en traitant l'anxiété de Socrate et l'impulsivité de Platon. Au bout de quelques semaines, je ne sais pas s'ils avaient repris leurs dialogues (nous verrons que les chats ne sont pas très doués pour la réconciliation), mais la paix était revenue dans la maison.

Le nettoyage

C'est toujours une question délicate dans l'enquête sémiologique tant chacun a sa propre idée de l'hygiène et supporte mal de se penser accusé de ne pas faire assez attention à la propreté.

Certaines réponses nous inquiètent :

« Oh, je nettoie la caisse de manière très régulière ;

– Oui ! Mais encore ? »

Une fois par an, c'est de manière très régulière. Et pourtant, cela ne suffit pas pour les chats, une fois par mois non plus d'ailleurs. Nous le répéterons sans cesse au cours de cet ouvrage : chaque cas de chat est unique. C'est encore plus vrai que pour les chiens. Mais nous pouvons tout de même donner de grandes lignes pour le nettoyage des caisses. Il faut enlever les selles le plus tôt possible après leur émission, et *a minima* une fois par jour.

Une étude astucieuse a montré que les chats n'étaient pas sensibles qu'à l'odeur de leur caisse mais aussi à la vue des excréments. Les chercheurs ont ainsi déposé dans des caisses d'élimination des petites selles en plastique, sans odeur donc, mais imitant à la perfection ce qu'aurait pu laisser un autre chat. Eh bien, 50 % des chats n'utilisent pas une caisse quand ils peuvent apercevoir ce qui pourrait être les fèces d'un autre chat[10].

Il faut changer l'intégralité de la litière une fois par semaine. Vous connaissez sans doute un chat pour qui le bac n'est changé que toutes les trois semaines et qui reste propre.

Nous parlons là des cas où l'élimination devient indésirable, se produit ailleurs que dans le bac et où nous cherchons à remettre en place un protocole standard minimal efficace pour restaurer le comportement de propreté.

Les questions sont nombreuses : faut-il une caisse ouverte ou une caisse fermée ? Une équipe américaine a tenté de répondre à cette question et a démontré qu'il n'y avait pas de différence à condition d'utiliser un protocole standard de nettoyage[11]. Très bien ! Mais ce n'est pas la réalité ! Dans la vraie vie, quand une caisse est fermée, le propriétaire ne voit pas les excréments déposés et ne se rend pas compte de l'état de la litière. Il a donc beaucoup moins tendance à enlever les crottes, à nettoyer la litière avec la régularité souhaitée. Je comprends très bien, pour beaucoup de propriétaires, l'envie de ne pas avoir sous les yeux la caisse d'élimination ouverte. Alors mon conseil sera simple : si vous optez pour une caisse fermée, astreignez-vous à un protocole très précis et très systématique de nettoyage. Pensez à soulever le couvercle et à regarder s'il y a des crottes déposées. Avec cette rigueur, vous avez de bonnes chances d'obtenir une propreté tout à fait satisfaisante de la part de votre chat.

Les éliminations indésirables constituent en pathologie comportementale féline un motif majeur de consultation. Même si cela parfois n'est pas très glamour, même si certains considèrent que c'est un peu déchoir que de passer autant de temps à comprendre et à construire un champ d'élimination qui convienne au chat, c'est une condition importante de cohabitation harmonieuse. En respectant les quelques règles simples que nous venons d'énoncer, nous pouvons réduire de plus de 50 % les risques de provoquer des éliminations indésirables dans la maison. Je n'oublie jamais que c'est une cause majeure d'abandon de nos chats domestiques.

Champ d'activités : à l'affût

De manière arbitraire, nous avons séparé les activités solitaires et les interactions dans la mesure où c'est une bifurcation importante qui fait sens quand nous nous intéressons au répertoire comportemental du chat.

Une fois assurées les grandes fonctions, une fois comblé le besoin de protection, alors le chat peut inventer sa vie, et ses ressources sont presque infinies. En sécurité, il va observer pendant de longues périodes par la fenêtre ou même à l'intérieur de la maison, abrité dans un hamac pour chat ou dans un carton à chaussures.

Bien sûr, il va surtout chasser !

Quand nous parlons de cette profonde nature, proie, prédateur, ce n'est pas juste une vue de l'esprit. Là où les chiens sont beaucoup plus opportunistes, plus charognards et vont se contenter de proies mortes quand ils peuvent éviter de chasser, les chats, eux, cherchent toujours à pouvoir exercer ce talent de prédateur. Même Minou, votre petit chat de maison si mignon, a besoin de cela. Nous avons déjà vu qu'il pouvait chasser les mains ou les pieds des humains qui vivent avec lui si rien d'autre dans son environnement ne lui permet d'exercer ce comportement. Mais, dès qu'il en a la possibilité, que ce soit sur des leurres qui lui sont proposés ou sur de véritables proies, le chat va passer un temps considérable dans sa journée à être à l'affût et à chasser.

Que ce soit des croquettes dans un Pipolino© ou de la nourriture dispersée dans toute la maison, ou encore des petites proies que le chat va guetter, ce qui est important, c'est de pouvoir consacrer un budget temps suffisant à cette activité majeure.

L'observation, les jeux solitaires sont, dans la grande majorité des cas, des activités connexes, préparatoires ou consécutives à l'action de chasse.

Pour les chats qui ont accès à l'extérieur, certaines émissions ont connu beaucoup de succès en équipant des chats de GPS, ce qui a permis de voir que les chats ayant la possibilité de sortir couvrent en moyenne une zone de 7 000 mètres carrés. De nombreuses études scientifiques ont établi une corrélation entre la densité urbaine et la superficie utilisée, mais, en moyenne, une femelle s'éloigne à 25 mètres de la maison et un mâle, à 100 mètres.

Cette compétence de chasseur pose par ailleurs la question de l'impact des chats sur la biodiversité. Ils sont nombreux aujourd'hui ceux qui voudraient empêcher les chats de sortir pour ne pas porter atteinte aux autres espèces, presque aussi nombreux que ceux qui considèrent que ne pas laisser sortir un chat correspond à de la maltraitance. Il y a dans ces deux attitudes beaucoup de fantasmes ! Sur la base de vérités australiennes, le chat deviendrait le coupable désigné de l'atteinte aux espèces sauvages. C'est oublier qu'en Australie le chat n'est pas un carnivore natif et qu'il a pu mettre en danger de nombreuses espèces de petits marsupiaux désarmés devant ce redoutable chasseur. En France, une enquête du Muséum d'histoire naturelle (MHN) a démontré, grâce à la collaboration de citoyens chercheurs et possesseurs de chats, que les proies rapportées étaient très diverses et qu'aucune espèce n'était mise en danger par les chats. Les études mondiales vont peu ou prou dans le même sens, démontrant que l'impact peut être fort mais dans un périmètre très restreint autour de l'habitat du chat[12].

Champ d'interactions : un besoin mesuré

Tout en haut de la pyramide de Maslow adaptée au chat se trouvent les interactions, les relations avec les autres êtres vivants. Nous y consacrons le chapitre suivant en entier tant cela est important en pathologie comportementale féline. Cela constitue, après la malpropreté que nous avons déjà évoquée ici, la deuxième plainte en fréquence des propriétaires. Pour les chats, la relation n'étant pas obligatoire, quand elle est subie ou inconfortable, elle est une source non négligeable de comportements indésirables et d'états pathologiques.

Ce qu'il y a de sûr, et nous l'expliquerons, c'est que ces interactions ne se passent pas n'importe où. Étant superfétatoires, elles se doivent d'être bien préparées, prévisibles et toujours positives. Nous faisons cela sans y penser, mais, quand nous voulons que les relations avec nos chats se passent bien, mieux vaut prendre rendez-vous ! Source de beaucoup de plaisir quand l'attachement et le respect sont au rendez-vous, les relations avec tous les autres individus, y compris ceux de sa propre espèce, peuvent aussi générer les stress majeurs de la vie d'un chat. L'espèce n'est pas sociale, nous le redirons, mais elle n'est pas non plus dans une volonté absolue de solitude. C'est d'ailleurs ce point qui l'éloigne de la définition d'une espèce territoriale : il y a des champs que les chats acceptent de partager, voire dans lesquels ils recherchent la compagnie d'autres individus avec qui ils ont des activités communes. Ce n'est pas partout et ce n'est pas tout le temps, et cela est une source de malentendus entre les chats et ceux qui vivent avec eux, humains ou chiens, pour qui la cohabitation constante est plus une nécessité qu'une épreuve.

Architecte d'intérieur pour chats

Nous voilà donc armés de la capacité à dessiner un plan du lieu de vie que nous offrons à nos félins domestiques, et chacun de ceux qui possèdent un chat peut dresser cette nouvelle carte du Tendre de la compréhension féline. Il nous faut comprendre l'importance des champs dévolus à la sécurité de la proie (isolement, alimentation, élimination) et comment leur harmonie participe à la possibilité de développer d'autres activités solitaires ou non.

Si mon explication est correcte, alors maintenant vous savez que les chats n'ont pas en tête une notion de propriété ou de royaume mais bien une nécessité de protection et une recherche d'harmonie. Il est du coup évident qu'ils sont en phase avec une époque dont le cocooning était déjà une valeur phare avant même la pandémie.

Chemins de champs : des trajets ritualisés

Vous avez maintenant cette nouvelle clé et vous regardez votre chat d'un œil différent, vous comprenez à quel point organiser son lieu de vie est une exigence vitale, mais nous ne vivons pas dans le même monde sensoriel, alors je vais vous demander d'oublier encore plus ce que vous êtes et d'observer avec soin comment votre chat se déplace d'une pièce à l'autre, d'un champ à l'autre.

Vous avez regardé ? Vous avez vu ?

Si vous avez bien observé votre chat, vous avez remarqué qu'il se déplace toujours en utilisant les mêmes chemins, même à l'intérieur d'un appartement. Allons, cela peut varier mais à la marge. J'ai l'habitude de citer l'exemple de deux chattes avec qui j'ai vécu, vous les connaissez déjà, Chiquita la mère et Hermione la fille. Elles vivaient dans notre maison avec un accès à l'extérieur sans limitation et nous les voyions arriver à l'heure du repas sur les fenêtres de la cuisine. Chiquita rentrait toujours par la fenêtre au-dessus de l'évier tandis qu'Hermione choisissait celle au-dessus du plan de travail. Je l'ai vérifié de nombreuses fois et je l'ai raconté à maintes reprises en conférence. Un lendemain de congrès où j'avais pris une fois de plus cet exemple, je rentre chez moi, je bois un café dans la cuisine et là je les vois toutes les deux emprunter le chemin de l'autre. Un court instant, j'ai pensé qu'elles avaient fait exprès et puis je me suis souvenu que dire une généralité sur les chats mais même dire une généralité sur un chat (il fait toujours cela !), c'est s'exposer au démenti implacable de l'intéressé.

Cela ne nous empêche pas de nous efforcer de comprendre et donc de repérer des grands traits qui nous permettent de cerner la personnalité de chaque chat et ses vulnérabilités.

Un client fan de Tarentino a deux chats : M. Black et M. White. Celui-ci dont la valence proie est très majoritaire organise son habitat en étant très précautionneux, a choisi un champ d'isolement en hauteur ; son champ d'élimination doit être impeccable ; son alimentation, régulière et connue. Il a beaucoup d'activités solitaires et peu d'interactions choisies et fragiles. Alors que M. Black, beaucoup plus prédateur que proie dans sa tête, envahit tout l'espace qui lui est accordé ; il a plusieurs lieux de repos, il supporte une litière un peu souillée, mange beaucoup d'aliments différents et, en particulier, il adore les fruits. Il chasse tout ce qui ressemble de près ou de loin à des proies mais aussi les ficelles, les boulettes d'aluminium. C'est un compagnon agréable, parfois même intrusif, semblant apprécier les contacts et venant souvent en demander. Si ces deux chats sont caricaturaux, vous avez déjà compris que toutes les nuances non seulement de gris, mais aussi de couleurs existent entre les deux, offrant une infinité de personnalités. Néanmoins, les chats dans leur grande majorité utilisent toujours les mêmes voies de circulation. Un ami qui avait fait un petit élevage de chats sacrés de Birmanie avait construit un enclos assez vaste dans son jardin. Au bout de quelques mois les pistes étaient formées, indiquant des chemins, certains communs, d'autres particuliers, à certains chats qui formaient un réseau reliant les différents champs de tous les chats qui leur permettait d'organiser cet espace fini en autant de biotopes personnels. Cela tient à une autre caractéristique des chats : ils ne vivent pas dans le même monde sensoriel que nous.

Organisation olfactive : au royaume des phéromones

Leur odorat est très développé, mais la différence ici ne serait que de degré et pas de nature. Ils ont quelque chose en plus. Tous partagent une caractéristique qui nous est étrangère : leur capacité tout au long de leur vie à détecter et à utiliser les phéromones pour baliser leur territoire et organiser leurs relations.

Les deux systèmes olfactifs du chat

• Le principal est semblable au nôtre dans ses structures, si ce n'est qu'il est beaucoup plus efficace avec cinq fois plus de surface et dix fois plus de récepteurs. Ce sens très aiguisé est utilisé par le chat pour décider si la nourriture présentée est comestible ou non, bonne pour lui ou pas, ce qui vous explique déjà que, quand un chat souffre de rhinite ou de coryza, son appétit diminue et sa capacité à consommer disparaît. Petit conseil en passant : dans ces cas-là, nettoyez soigneusement le nez de votre chat avec de l'eau tiède ou un produit destiné à cet usage juste avant de lui présenter sa nourriture. L'olfaction est un sens majeur dans la vie du chat.

• Le système olfactif accessoire est, lui, dévolu à la perception des phéromones. Nous rentrons là dans un domaine mystérieux dans lequel rien n'est élucidé, et j'ai eu l'occasion de présenter l'importance de ces molécules dans les premières phases de l'attachement[13]. En effet, les apaisines ou phéromones d'apaisement existent dans toutes les espèces, participent à la reconnaissance de la mère et permettent au petit de tisser le lien et de s'identifier à son espèce à partir de cette relation privilégiée.

Nous connaissons aussi plus ou moins tous le pouvoir des phéromones sexuelles induisant des préférences, des attirances et une prédisposition à l'action que notre cortex nous permet toujours de contrôler, en principe, comme c'est le cas chez la plupart des mammifères. Chez le chat, les phéromones ont une autre dimension : les chats en produisent et en détectent beaucoup ! Ils possèdent en effet un complexe phéromonal facial, une usine à production de ces substances basée sur leurs joues, sur le trajet entre la commissure labiale et la base de l'oreille.

5 (encore 5 !) fractions ont été isolées dans ce complexe nommées de F1 à F5. Quand nous parlons de mystère, ce n'est pas juste une allusion poétique : pour le moment, F1 et F5 ont des actions encore inconnues, tandis que le voile est levé sur les trois autres.

Un balisage positif

F3 est la fraction qui nous intéresse le plus ! Elle est la phéromone de familiarisation de l'environnement et des objets inanimés. C'est cela que les chats déposent en frottant leur face comme vous les voyez faire, plus ou moins souvent suivant les individus, en passant une porte, sur le pied d'une chaise, contre une table. Ces marques disent : je suis dans un lieu sûr et le fait de les retrouver déclenche un état émotionnel positif chez le chat. Un nettoyage trop fréquent est donc leur ennemi, et parfois nous voyons une compétition entre la brigade de nettoyeurs et le chat. J'ai le souvenir d'une très belle maison, occupée par une famille au goût minimaliste pour de très beaux meubles italiens y compris dans la cuisine qui était, comme dans les publicités, un miroir entre carrelage et façades laquées. Cette cuisine était une des rares pièces accessibles au chat qui, confiné entre la resserre et la cuisine, avait pris la très mauvaise habitude aux yeux des propriétaires de faire du marquage urinaire sur les meubles. Or ces façades étaient briquées tous les jours, et le chat n'y retrouvait jamais ses marques : il n'était pas illogique qu'il en dépose alors d'autres, moins plaisantes. Petit à petit, nous avons appris qu'il y avait une corrélation assez étroite entre le marquage facial apaisant et le marquage urinaire, beaucoup plus anxiogène. Il faut que 70 % des marques faciales aient disparu pour que le marquage urinaire anxieux apparaisse. Donc, si votre chat a commencé à faire du marquage urinaire (vous en connaissez la séquence déjà décrite), cela veut dire que, depuis longtemps déjà, il ne dépose plus de marque faciale apaisante.

Le seul cas où un chat frotte ses joues sur un endroit puis se retourne et dépose une marque urinaire, c'est en cas de marquage sexuel et, dans ce cas-là, il dépose la fraction F2.

Mais le fait de baliser son environnement avec F3 prévient le marquage urinaire, et c'est ce principe que nous utilisons en employant des diffuseurs d'analogue synthétique de fraction F3 du complexe phéromonal facial du chat. Après le premier acteur historique apparu en 1996, aujourd'hui nous disposons de pas moins de trois produits, tous contenant le même analogue synthétique de cette fraction.

Il reste à évoquer la fraction F4 : elle aussi a une signification positive de reconnaissance, mais elle est déposée sur les individus : nous parlons alors d'allomarquage (le marquage de l'autre). Oui, vous ne vous trompez pas, quand Mistigri se frotte à vous, c'est une marque sinon d'amour, mais en tout cas une reconnaissance d'une relation positive dont il n'a rien à craindre. Ensuite, tout est possible ! À vous de construire les rituels et les rendez-vous qui feront de cette déclaration de paix une déclaration d'amour.

Les marquages du chat ne se résument pas au complexe phéromonal facial.

D'autres systèmes de marquage

Les griffades ont aussi une signification précise : elles signalent, en milieu naturel, le champ d'isolement. Le plus souvent verticales, elles associent un signal visuel (les rayures) et *a minima* un signal olfactif, phéromonal, le chat laissant par les glandes sudoripares interdigitées des phéromones d'espacement indiquant que cet endroit lui est réservé.

Même dans un endroit fermé, même dans un studio parisien, il n'est pas anormal de « faire ses griffes » à côté de son lieu principal de repos. Quand c'est le lit, les griffades sont souvent faites en dessous et ne gênent personne. Quand c'est le canapé qui a été choisi comme champ d'isolement principal, alors les propriétaires apprécient beaucoup moins le message et peuvent sévir en réponse. Le chat puni devient plus anxieux, ce qui favorise l'augmentation des griffades ou, pire encore, l'apparition du marquage urinaire : cela dégrade encore plus la relation, le chat est encore plus puni, grondé ou menacé, et le cercle vicieux s'installe.

Cela est aussi un message primordial, à répéter sans cesse : les sanctions physiques, les punitions (c'est-à-dire tout ce qui fait mal ou peur) sont à proscrire chez le chat : elles ne résolvent jamais le problème mais elles l'aggravent très souvent.

Le marquage urinaire, déjà évoqué, est le dernier marquage spécifique que nous étudions chez le chat : dans notre consultation, l'appréciation de ces marquages, de leur répartition et de leur équilibre nous permet d'obtenir un profil comportemental et émotionnel du chat présenté.

Le marquage urinaire, à la séquence bien précise, peut être réactionnel. Dans ces cas-là, comme son nom l'indique, il ne signifie pas un état pathologique mais une réaction dynamique à, par exemple, la présence d'un nouvel objet dans la maison. Prenons le cas très classique du sac ou des chaussures de sport du petit copain qui ne vit pas dans l'appartement mais passe de temps en temps et parfois en revenant de son exercice physique. Maintenant, vous êtes familiarisés avec la façon dont les chats fonctionnent et vous pouvez comprendre les différentes options qui s'offrent à eux. Si nous avons affaire à un chat très équilibré dans un milieu qu'il a pu organiser à sa guise, sans doute un marquage facial va permettre de déposer la fraction F3 et rendre l'objet inoffensif. En revanche, si, pour une raison propre au chat (état émotionnel plus instable), au milieu (moins bien organisé) ou à l'objet (odeurs plus marquées), le balisage facial ne suffit pas, le marquage urinaire peut apparaître. Une fois de plus, s'il est exceptionnel et réservé à des circonstances très explicables, il ne signe pas l'entrée dans la pathologie. En revanche, quand l'apparition de cette séquence intervient après la disparition de tout marquage facial, alors la lumière rouge doit s'allumer.

Le marquage urinaire s'accompagne d'odeurs familières pour le chat mais aussi de phéromones d'alarme qui vont inquiéter tous les intrus potentiels mais qui se retourneront aussi contre l'émetteur dont l'état émotionnel peut s'aggraver en les reniflant. Le mot n'est pas tout à fait exact : si nous avons vu la physiologie de la production des phéromones, nous ne nous sommes pas arrêtés sur leur détection. Un organe spécifique, l'organe voméronasal ou organe de Jacobson, est dédié à la perception de ces substances. Il est relié au système limbique, donc au siège des émotions par les voies olfactives accessoires. Les phéromones sont donc susceptibles d'induire un état émotionnel (apaisé si c'est F3 ou F4, inquiet si ce sont des phéromones d'alarme, attendri et motivé pour les soins si ce sont des phéromones d'adoption) sans passer par le filtre cortical, donc sans évocation consciente dans l'esprit du receveur. C'est pour cela que les phéromones ont une réputation sulfureuse : elles induiraient le comportement à l'insu de l'individu. Il faut rappeler que, si cela est vrai pour les insectes (pour ce que nous en savons à l'heure actuelle), chez les mammifères et, *a fortiori* chez l'homme, le cortex a la main et va censurer les actions indésirables. Chez l'homme, la présence de l'organe voméronasal à l'âge adulte est très controversée même si aujourd'hui elle semble admise avec des différences fondamentales (dont l'absence de bulbe olfactif accessoire)[14]. Selon certaines études, seuls 6 % d'entre nous conservent un organe de Jacobson fonctionnel en vieillissant. Pour d'autres, certaines cellules gustatives prennent le relais et sont capables de détecter les phéromones qui peuvent ainsi faire leur effet.

Chez le chat, la persistance ne fait guère de doute et, si vous avez observé votre chat, vous l'avez sans doute vu faire ce mouvement particulier : la bouche est entrouverte, les yeux sont plissés et la langue a un léger mouvement vertical. Cela s'appelle le *flehmen*. Les chevaux en font un beaucoup plus spectaculaire en retroussant leur babine supérieure, et, quand les chiens mâles claquent leur langue en reniflant l'urine d'une femelle en chaleur, c'est aussi le même mécanisme. Chez le chat, ce mouvement discret envoie l'air dans la papille incisive située juste en arrière de l'arcade dentaire au niveau des incisives et qui conduit à l'organe de Jacobson.

En cas de marquage urinaire donc, les phéromones contenues sont des phéromones d'alarme qui ont la caractéristique unique d'être interspécifiques et de pouvoir mettre en alerte aussi bien les chats que les chiens, mais aussi les humains. Quand un animal a exprimé ses glandes anales, riches en phéromones d'alarme, dans une consultation, même si le nettoyage a été rapide et total, il reste souvent des phéromones indétectables qui peuvent changer l'atmosphère des consultations à l'insu de tous.

Voilà, nous savons maintenant comment les chats construisent leur lieu de vie qui n'est pas le nôtre ni celui de nos chiens même si nous partageons le même espace. Leur monde est organisé et balisé. Dès que cela est menacé, des troubles peuvent apparaître.

Caramel, victime du confinement

Comme tant d'autres, chats, chiens ou humains, Caramel a mal supporté le confinement et il l'a exprimé à sa manière féline.

Pourtant, pour lui, cela a été le début d'une nouvelle vie dans laquelle il pouvait sortir beaucoup plus à sa guise. Avant, il fallait qu'il demande la permission et qu'il attende qu'un humain veuille bien lui ouvrir. Juste avant le confinement, une chatière connectée a été installée. Ces nouveaux matériels nous aident souvent à régler des situations qui mettent en jeu la répartition du lieu de vie. Les réglages permettent par exemple de laisser un seul chat entrer dans une pièce. Cela peut résoudre certains conflits. Pour contrôler les accès à l'extérieur, ces chatières font ce que beaucoup de parents rêvent avec leur adolescent : il est possible de laisser le chat aller et venir comme il le souhaite mais aussi de programmer la possibilité de rentrer à n'importe quelle heure mais de ne plus pouvoir ressortir après 23 heures, par exemple.

Le motif de consultation est la malpropreté de Caramel. Il a un peu plus de 8 ans quand il vient me voir et a commencé ces épisodes il y a un an juste au début du premier confinement.

Christine et Alain vivent avec leur fils Jean qui a 5 ans maintenant et Caramel. Ils ont déménagé quand le chat avait 3 ans et demi.

Nous explorons la séquence et nous avons la certitude qu'il s'agit de marquage urinaire. D'autant plus que, le chat ayant un accès beaucoup plus libre à l'extérieur, les amis humains de Caramel lui ont proposé de déplacer son champ d'élimination à l'extérieur, ce qu'il a accepté sans difficulté, La litière a pu être ôtée : avant, elle était bien utilisée et il n'apparaissait de la malpropreté que quand le nettoyage avait été négligé, et, dans ces cas-là, Caramel pouvait déposer des selles juste à côté de la litière.

Non, c'est bien un marquage urinaire exacerbé qui est décrit. Christine voit souvent faire cette séquence à l'extérieur où cela ne pose pas de problème mais aussi à l'intérieur où elle et son mari peuvent soit encore le surprendre sur le fait, soit trouver les traces séchées consécutives à la séquence de marquage.

Outre le désagrément des souillures dans la maison, leur inquiétude vient du fait qu'ils ne l'aient jamais plus vu en position d'élimination mais toujours de marquage.

Pour nous, cela peut évoquer de la polliakurie, c'est-à-dire des envies fréquentes d'uriner de petites quantités, symptôme que l'on retrouve dans certaines affections urinaires comme les cystites.

Médecin vétérinaire du comportement ou psychiatre du comportement, nous n'oublions jamais, et chez les chats encore moins que chez le chien, les intrications entre maladie organique et maladie comportementale. Caramel, avant même de venir me voir, avait eu une consultation médicale et subi une analyse d'urine qui nous a permis d'écarter toute hypothèse organique. Alors il faut mener l'enquête…

En rappelant que la miction est un moment de vulnérabilité qui se fait dans un lieu protégé alors que le marquage est une communication et doit être bien visible et audible, nous expliquons pourquoi ils ne le voient pas éliminer et ne le voient que marquer. Mais à ce point, tout de même…

Pourquoi ce chat de 8 ans se met-il soudain à marquer et de façon de plus en plus intense et débridée ?

Les sacs de courses sont visés mais aussi les pulls ou les manteaux s'ils ont été laissés sur le dossier d'une chaise. Un visiteur a été marqué sur son pantalon, et la propriétaire a eu la désagréable surprise de recevoir en plein visage le jet odorant.

Les relations sont-elles en jeu ? Caramel est très amical avec tous les humains de la maison, y compris avec l'enfant avec qui il joue même si, au dire des propriétaires, jouer n'est pas son activité favorite. Si l'enfant lui propose un leurre au bout d'une canne à pêche jouet, il va s'y intéresser quelques minutes, et il fera de même avec une lumière laser de poche. Il est affectueux avec les deux propriétaires, et c'est au cours d'une séance de câlins qu'il a soudain marqué sa propriétaire. Ils étaient alors installés sur le canapé qui est une de ces cibles favorites.

Ce qui rend le cas de Caramel complexe et intéressant, c'est son apparente incohérence. À la question du marquage facial sur les objets inanimés, en chœur, Alain et Christine disent qu'il en fait beaucoup. En revanche, un seul lieu de griffades est repéré : c'est l'arbre à chats à côté de son lieu de couchage.

Beaucoup de marquage facial et de marquage urinaire, et un marquage par griffades inchangé, cette configuration n'est guère possible sauf en tout début d'évolution anxieuse ou en cas de marquage sexuel. Caramel est castré depuis bien longtemps et, cela fait plus d'un an que le marquage est apparu.

Plusieurs éléments ont pu contribuer à l'apparition d'un état anxieux ; il faut dire que ce chat a cumulé les bonnes raisons pour manifester un déséquilibre de son lieu de vie :

- il vivait d'abord en appartement avec un accès très restreint à l'extérieur ;
- puis l'enfant est né, bouleversement majeur dans la gestion quotidienne du biotope d'un chat. Certaines pièces deviennent interdites ou très surveillées, les accès sont modifiés. Outre l'apparition d'un individu inconnu et parfois bruyant, c'est surtout le réaménagement de l'espace qui bouleverse les chats après les naissances ;
- puis vie en maison mais avec aussi la nécessité de solliciter pour pouvoir sortir ;
- et en même temps une grande liberté lui a été donnée pour aller à l'extérieur pendant que les humains étaient obligés de se confiner.

Nous sentons que nous tenons une piste sérieuse.

« Vous voyez Caramel avec d'autres chats à l'extérieur ?

– Au début, il y en avait plusieurs, mais Caramel semblait vouloir les chasser. Nous l'avons entendu souffler mais nous ne l'avons jamais vu se battre.

– Et comment se sont passés les différents confinements ?

– Nous nous sommes retrouvés tous les deux, en fait, non, tous les trois en télétravail, me répond Christine avec un sourire. Il y a eu plus d'interactions avec Jean, du coup, qui est son compagnon de jeu. »

Vous voyez à quel point les chats sont complexes et à quel point il faut éviter de projeter notre organisation et nos envies sur eux. Je suis sûr que Christine a raison et que le chat a apprécié de jouer plus avec son enfant. Je crois aussi qu'il a aimé pouvoir explorer, découvrir et baliser un nouveau territoire extérieur, mais tout cela n'a pas été simple pour la capacité d'adaptation d'un chat qui, sans être vieux, n'est plus jeune.

La base de sa pyramide de Maslow, l'équilibre de son lieu de vie et surtout sa capacité à l'organiser ont été mis à mal par ce double défi : intégrer un nouveau territoire extérieur, déjà occupé par d'autres chats, et une partie de territoire dans la maison envahie par les humains qui d'habitude ne sont que des passants dans leur espace avec des horaires réguliers et des plages prévisibles d'occupation tranquille et solitaire pour le chat. J'avais exprimé mon étonnement devant la persistance du marquage facial sur les objets et je ne fus pas étonné de recevoir un message d'Alain, quelques jours après, me disant : « Nous avons vérifié : en fait Caramel ne frotte pas sa tête sur les murs. Il fait parfois l'esquisse du mouvement, arrondit son dos mais ne semble rien déposer. »

Ouf ! Voilà qui redevenait plus cohérent et attestait un état anxieux installé depuis plus d'un an.

Réparateur de biotope

Le diagnostic de cette affection comportementale rentre dans le champ des biotopathies, dont l'étymologie renvoie à « souffrance liée au biotope, au lieu de vie ». Nous avons déjà évoqué l'aploutobiotopathie, quand la pauvreté du milieu peut faire ressurgir la nature prédatrice du chat (chapitre 1, p. 17).

Ici nous parlons au contraire d'un environnement qui a beaucoup évolué, qui s'est enrichi et compliqué : nous parlons alors de néobiotopathie, souffrance liée à des nouveautés dans le milieu. Cela peut concerner des personnes, des changements de meuble ou même un changement de rythme comme celui occasionné par le confinement.

Les néobiotopathies avec comme symptôme majeur du marquage urinaire sont fréquentes.

Dans un cas comme celui-ci, choisir le psychotrope n'est pas le plus compliqué. Un chat hypervigilant avec comme symptôme principal du marquage urinaire appelle un traitement noradrénergique (qui agit sur la noradrénaline, un des neurotransmetteurs majeurs du cerveau), et bien sûr nous allons prescrire de la clomipramine à Caramel. Comme des diffuseurs de phéromones ont déjà été disposés partout sans effet, nous les remplaçons par des diffuseurs d'aromathérapie ayant un effet apaisant sur le chat qui est notre patient mais aussi sur tous les membres de la maison.

Le moins facile est de mettre en place la thérapie comportementale : comprendre sur quoi agir, ce qui va faire sens.

Un élément est facile, et nous en convenons très vite avec Christine et Alain : les punitions doivent être stoppées. Ils avouent qu'au début ils ont grondé le chat et lui ont montré les traces, mais ils en ont constaté l'inefficacité et ils ont lu que cela pouvait aggraver.

Mais je n'ai pas le contrôle de l'épidémie et des différents confinements : je peux juste espérer que cela va cesser. Néanmoins, nous décidons aussi de laisser des périodes sans interaction avec Caramel quand tout le monde est à la maison.

Pour l'extérieur, c'est encore plus difficile. Nous avons pourtant une piste. Quand les sorties de Caramel étaient moins libres, moins nombreuses, le marquage n'existait pas encore. La vie en liberté à l'extérieur est sans doute favorable pour l'espèce, elle est parfois très inquiétante, voire anxiogène pour l'individu qui doit faire face à de nombreux dangers. Réduire les sorties nocturnes, de Caramel est présenté alors comme une mesure de protection et non de restriction de liberté.

Il reste à prescrire la patience !

Comprendre le sens des marquages

Quand nous prenons le cas en charge, nous demandons un relevé des marquages pour pouvoir apprécier une éventuelle réduction. Quand l'histoire est ancienne, quand le cas est chronique, une lassitude bien compréhensible habite souvent les propriétaires qui peut les rendre insensibles aux progrès. Mesurer, quantifier permet d'entraîner l'adhésion et d'obtenir le temps nécessaire à la réparation du trouble passager.

Caramel est aujourd'hui sur cette voie-là. De deux à quatre marquages par jour, nous sommes maintenant passés à moins d'un marquage par semaine : c'est encore trop mais nous sommes sur le chemin de la guérison après trois mois de traitement. Il semble apaisé et avoir repris le contrôle de son environnement, et nous ne sommes plus en confinement mais en vacances…

Caramel ne veut pas posséder son environnement, il veut s'y sentir bien, protégé, avec des moments de rencontre et des plages de silence. Ensemble avec Alain, Christine et Jean, nous essayons de lui apporter ce qu'il souhaite.

L'harmonie du biotope ressentie par le chat est une clé fondamentale dans la compréhension de l'espèce féline. Nous passons beaucoup de temps à nous mettre à leur place pour vérifier que les différents champs existent et sont respectés, que les exigences éthologiques de cette espèce aux talents contraires et particuliers sont satisfaites. N'oublions pas que les chats ne sont pas des petits-bourgeois.

CHAPITRE 3

Les relations : en avoir ou pas ?

« Lorsqu'un chat accorde sa confiance à un homme, c'est sa plus belle offrande. »

Charles DARWIN

Nos chats sont des animaux de compagnie. En tout cas, c'est ainsi qu'ils sont classés en médecine vétérinaire.

Les millions d'histoires heureuses nouées entre les chats et les humains qui les accompagnent illustrent cette définition. Aujourd'hui, le débat autour de la nature des relations qui lient les humains à leurs chats est parfois houleux.

Pour moi, cela est simple. Les chats se développent dans l'attachement, comme les chiens et comme nous, humains, mais aussi comme tant d'autres animaux, dauphins, singes, éléphants, chèvres ou perroquets… Dans toutes les espèces, le processus d'attachement qui lie le petit à la mère repose sur toute une ingénierie neuronale, hormonale, cérébrale qui reste active tout au long de la vie et permet aux individus, en fonction du répertoire comportemental de leur espèce, de tisser des liens. Cela va de la formation d'un couple stable à la possibilité de nouer des liens d'amitié avec des individus de sa propre espèce ou d'une autre espèce, que ce soient des humains ou des autres animaux. Cela n'a rien à voir avec une quelconque socialité, qui est définie par la nécessité de vivre dans un groupe avec ses règles, ses lois, sa hiérarchie et ses codes. La relation qui se noue est une relation duelle, entre deux individus, qui peuvent être de la même espèce (mais, dans le cas du chat, ce n'est pas toujours le plus facile) ou avec un individu favorable, positif, d'une autre espèce surtout s'il a joué un rôle de protecteur, de donneur de soins ou de compagnon de jeu. Il n'y a pas besoin d'autre construction obscure ou compliquée pour expliquer la totalité de leur vie relationnelle et des troubles que cela peut déclencher.

Bien sûr, si l'on pense que le couple mère-enfant pose les fondements de la relation sociale, dans ce cas-là le chat devient une espèce sociale, mais cette acception n'est pas satisfaisante. Là où la relation maternelle est obligatoire, dissymétrique, n'a besoin d'aucun apprentissage, est innée et connaît les mêmes séquences dans beaucoup d'espèces, la relation sociale repose au contraire sur un apprentissage des codes qui sont différents d'une espèce à l'autre et même dans les divers groupes d'une même espèce.

Proie et prédateur, né et développé dans l'attachement dont les mécanismes persistent à l'âge adulte et autorisent des relations affiliatives puissantes, espèce non sociale : voilà tous les éléments nécessaires pour comprendre les relations des chats avec tous les êtres vivants qui les entourent.

Il nous faudra donc explorer plus avant la relation intraspécifique – chaque chat avec les autres chats – pour comprendre pourquoi, au bout du compte, elle peut être plus compliquée que celle avec des individus d'autres espèces. Le rappel de quelques points fondamentaux de l'éthologie féline nous aidera à dénouer la pelote.

Tabatha, magicienne sans solution

Tabatha est une chatte ragdoll. Ceux qui sont familiers avec l'anglais savent que cela veut dire « poupée de chiffon ». Ces chats ont la réputation de devenir mous comme des poupées de chiffon quand ils sont transportés… ce qui n'est pas le cas de tous les chats ni même de tous les ragdolls. Qu'il nous soit une nouvelle fois permis de dire à quel point faire correspondre une race à un comportement est à la fois une contre-vérité scientifique et un risque pour les futurs adoptants et pour les chats. Bien sûr, il peut y avoir quelques tendances renforcées par les fantasmes des amateurs de la race, mais le fait d'appartenir à une race ne permet pas de prédire le comportement d'un individu. En termes plus scientifiques, la variance à l'intérieur d'une race est toujours supérieure à la différence entre les moyennes de variance de deux races.

Les ragdolls sont donc réputés être des chats très sociables avec les chiens, les enfants et les chats. Ce sont de grands formats : les mâles peuvent dépasser 9 kilos…

Tabatha pèse 5,5 kilos et elle est présentée pour malpropreté. Elle vit avec Chloé et Alain ainsi que Rêveuse, une petite chienne chihuahua avec qui elle joue beaucoup.

Après avoir vérifié tous les éléments déjà évoqués de la composition de son territoire, une réalité thérapeutique complexe apparaît. La chatte présente à la fois des comportements d'élimination inappropriée sur le canapé où elle a été vue accroupie mais aussi du marquage urinaire pur, queue droite, visant une surface verticale et même des mictions émotionnelles : grondée, il lui est arrivé de faire un pipi de peur sur les genoux d'Alain. Se rendant vite compte de l'inefficacité des sanctions, les personnes qui entourent Tabatha ont arrêté toute forme de punition, faisant par là même disparaître les éliminations émotionnelles mais sans effet sur les marquages et l'élimination normale mais indésirable.

Par ailleurs, son lieu de vie paraît assez harmonieux et les différents champs, respectés. Les marquages sur objets inanimés n'ont pas disparu, ceux sur les êtres vivants sont présents et importants, les griffades existent en petit nombre. Seule cette présence de marquage urinaire et d'élimination sur le lit ou le canapé signe un état pathologique.

De plus, le point de départ des premiers marquages a été l'apparition des premières « chaleurs », de la première phase d'œstrus, cause habituelle : le marquage sexuel est une communication classique dans la plupart des espèces.

Ensuite la chatte a été stérilisée par ovariectomie, et cela résout en principe tous les problèmes de marquage sexuel.

Tabatha, pourtant, a continué…

Le travail d'enquête se poursuit, avec patience et minutie.

Quand nous regardons à la loupe la vie d'un animal, d'un chat dans le cas qui nous occupe, il est bien rare de ne pas voir des points d'amélioration possible.

Pour Tabatha, nous allons donner des conseils pour rendre son champ d'élimination, sa litière, encore plus conforme aux critères idéaux. Nous remarquons aussi sa prédilection pour la nourriture humide qui lui fait délaisser les croquettes, pourtant à sa disposition. En conséquence, la fréquence de ses repas est sans doute insuffisante. Nous l'avons déjà souligné : un chat, prédateur de petites proies et ne pouvant pas passer de longs moments à manger puis à digérer, va faire, quand il le peut, 12 à 15 petits repas. Coquin, déjà cité, nous a montré que parfois la seule harmonisation de la distribution de nourriture peut régler un trouble du comportement. Mais nous sentons bien que ce n'est pas le cas de Tabatha. Une consultation est une enquête, un jeu de piste, et parfois la réponse se cristallise en nous dans une élation surprenante (comme une révélation). Tout à coup, la racine du problème est claire ! Cette chatte est une amoureuse et ne supporte pas les absences de ses humains. D'une manière plus médicale, disons que Tabatha souffre d'un attachement anxieux, mal régulé.

Le brouillard s'est levé par petites touches :

« Tabatha est-elle agressive ?

– Jamais ! Au contraire !

– Pourquoi “au contraire” ?

– Nous avons parfois l'impression d'avoir un chien : Tabatha nous suit partout, vient nous accueillir quand nous arrivons.

– Et pour se reposer ?

– Le soir, si nous sommes tous les deux sur le canapé, elle vient souvent se coucher entre nous deux.

– Elle fait pareil pour dormir ?

– Oui, elle peut se mettre entre nous deux », confirme Chloé.

Et Alain ajoute avec un sourire en désignant Chloé :

« Mais ce n'est pas sa place préférée. Son vrai plaisir, c'est de dormir dans ses bras. »

Un lieu de repos, un champ d'isolement partagé à l'extrême, comme c'est le cas ici, nous pousse à rechercher des signes de souffrance déclenchée par la séparation. Ils sont subtils mais constants chez ce chat. Ainsi, le couple se souvient d'un voyage de quelques jours pour lequel la chatte avait été confiée aux bons soins d'une amie. Elle l'avait nourrie, avait passé du temps avec elle et tout semblait s'être bien passé. Pourtant, sans aucun doute Tabatha avait perdu des poils entre les oreilles et sur le chanfrein entre les deux yeux. La zone n'était pas glabre, mais la densité des poils avait diminué, signe soit de grattage, soit de marquages faciaux intempestifs. Nous savons maintenant que leur fréquence peut augmenter en début d'état anxieux. En l'absence de ses êtres d'attachement, nous pouvons imaginer que Tabatha avait essayé de maintenir avec difficulté son équilibre émotionnel en multipliant les marques faciales mais que cela avait été insuffisant.

En manque de toi

Quand un animal adulte n'arrive pas à rester en équilibre quand le sujet de sa relation d'attachement disparaît, la souffrance est liée à son absence d'autonomie. La capacité à maintenir son homéostasie sensorielle en l'absence des membres du groupe est un des marqueurs de l'âge adulte. Dans les espèces sociales, comme chez le chien ou l'être humain, de nombreux mécanismes de fission-fusion, de gestion de la distance sociale, existent. Nous avons parfois besoin de nous séparer de nos proches et puis de les retrouver. Les apéritifs en visio organisés pendant les confinements étaient l'expression de cette nécessité incontournable. Pour les espèces non sociales comme le chat, ce n'est pas une nécessité d'espèce, mais cela peut être un besoin individuel.

Nous nommons aujourd'hui autonomopathie[1] la maladie comportementale marquée par cette incapacité à s'équilibrer en l'absence de l'être d'attachement : cela indique que la souffrance (-pathie) est liée à l'absence d'autonomie. Cette affection a longtemps été appelée anxiété de séparation et c'est encore le cas pour certaines affections humaines ou dans certains pays anglo-saxons. La première publication internationale évoquant la possibilité de troubles liés à la séparation chez le chat porte d'ailleurs ce titre[2]. Nous avons choisi d'abandonner cette classification, aussi bien chez le chat que chez le chien, pour à la fois ne pas risquer la confusion avec la médecine humaine et apporter précision et clarification. Tout animal qui souffre d'une autonomopathie n'est pas en état anxieux : certains présentent juste un état phobique, d'autres sont anxieux et d'autres encore sont dépressifs. Pointer la cause, l'étiologie, ne doit pas impliquer la définition de l'état pathologique : c'est une des raisons majeures de notre changement de nomenclature.

Pour Tabatha donc, il va falloir augmenter ce niveau d'autonomie qui, en général chez le chat, pose peu de problèmes. Je prendrais volontiers le pari que nous allons voir de plus en plus de ces cas tant la modification des conditions de vie, le changement de représentation du chat bouleversent leur répertoire comportemental et leurs points de vulnérabilité. Si pendant longtemps, et hormis pour quelques artistes ou quelques originaux, le chat n'était qu'un outil dans la lutte contre les nuisibles, nous avons depuis changé notre regard. Aujourd'hui, il est accueilli à l'intérieur de nos maisons ou de nos appartements, et nous ne lui demandons que de nous donner sa compagnie, ce qui n'est pas rien et peut même être beaucoup pour lui.

À bien regarder l'Histoire, nous pouvons nous demander si cela n'est pas le cas depuis longtemps : l'archéologie nous apporte un éclairage toujours très instructif. D'où vient ce chat enterré dans la tombe de ce riche Chypriote vers l'an 9 500 avant J.-C. découvert par l'équipe de Jean-Denis Vigne[3] ? Les chats ne sont pas des animaux natifs de cette île située trop loin des autres côtes pour qu'ils aient pu y accéder par leurs propres moyens. Il faut donc que ce soit les premiers colonisateurs de cet endroit qui aient souhaité amener avec eux ce petit félin, là encore à un moment où il ne peut pas avoir d'utilité mais où il semble néanmoins avoir une grande valeur, en tout cas pour certains.

Ce qui était sans doute une excentricité à l'époque est devenu une norme, et nous reconnaissons à nos chats cette valeur d'être d'attachement au point, répétons-le, d'en avoir fait en France et, de très loin, nos premiers animaux de compagnie.

Tabatha a besoin de la présence de ses êtres d'attachement, cela est normal mais elle ne supporte pas leur absence, et cela signe la pathologie.

Et en plus ça se soigne !

Pour réguler l'attachement et afin qu'il ne soit plus générateur de stress, nous mettons en place une thérapie dite de rendez-vous ; tous les contacts à la demande du chat ne sont plus acceptés mais, plusieurs fois par jour, les « parents » de Tabatha vont lui proposer des moments de câlin ou d'activité.

Le début du traitement est compliqué : les refus de contact aggravent pendant un moment les symptômes : c'est le cours classique de la thérapie. Nous comptons à ce moment-là sur le traitement médical, anxiolytique, mis en place pour nous aider à passer le cap. Cela fonctionne bien avec Tabatha au bout de six semaines, la voilà apaisée, de nouveau joueuse et propre !

Toutes les mictions, sans erreur, sont faites dans les caisses dont le nettoyage et la localisation ont été optimisés. Pour ceux qui penseraient que cela aurait pu suffire et qu'il n'est pas nécessaire d'aller chercher des causes compliquées et des noms de maladies étranges, Tabatha a elle-même apporté la confirmation de la racine du trouble quand elle a rechuté à la première absence de quelques jours de ses humains d'attachement !

Les chats, nous l'avons vu, n'ont pas le prééquipement nécessaire pour vivre en société mais, en revanche, nourris au lait de l'attachement, ils peuvent nouer des relations passionnées et cela jusqu'à l'excès, jusqu'à la pathologie quand l'absence crée la souffrance.

Aujourd'hui Tabatha va mieux mais nous savons que cela reste un point de déséquilibre émotionnel potentiel, et chaque absence est préparée et accompagnée sur le plan aussi bien écologique, comportemental que biologique. Nous avons la chance, maintenant que son état anxieux a disparu, de pouvoir utiliser des produits comme des suppléments nutritionnels qui l'empêchent de rechuter quand elle est laissée seule pour quelques jours dans son habitat.

Les vétérinaires l'observent et devinent cette évolution : chaque semaine, nous voyons plus de chats très attachés (c'est encore bien !) et parfois hyperattachés, et pour ceux-là nous savons qu'une simple absence pour un week-end peut les précipiter dans la pathologie.

Et n'oubliez pas… Tabatha a présenté des comportements indésirables comme la malpropreté qui ont conduit ses propriétaires à consulter. Nous avons ainsi pu découvrir l'état anxieux, remonter jusqu'à son origine et soigner le tout, mais que se serait-il passé si son état anxieux au lieu d'être productif avait été inhibé, et que le symptôme majeur au lieu d'être des éliminations indésirables avait juste été un excès de léchage ? Peut-être rien... Beaucoup de chats souffrent du silence de leur manifestation qui ne permet à personne de se rendre compte de leur souffrance.

Les chats peuvent donc souffrir d'attachements anxieux, et de cela nous n'avons jamais douté[4], mais un des points majeurs de la pathologie comportementale féline, à côté des troubles liés au territoire (biotopathies) déjà évoqués, est la difficulté à vivre et à supporter les relations parfois subies.

Tout vient de l'absence de structure sociale de l'espèce féline. Des sociopathies ont été définies chez le chien[5], et cela nous oblige parfois à des explications sur les différences entre les sociopathies humaines et canines. Les premières relèvent de la psychose alors que les secondes ne parlent que de la difficulté parfois d'établir des règles claires et apaisantes dans le groupe interspécifique. Dans les deux cas, cela parle d'une espèce qui vit en société, établit des codes, obéit à des règles, et cela peut être plus ou moins facile à accepter pour certains individus.

Chez le chat, rien de tout cela, pas de hiérarchie, pas de société mais une addition de relations duelles, interpersonnelles qui génèrent de l'apaisement, du plaisir ou au contraire de l'inquiétude et, quand cela s'aggrave, de l'anxiété ou de la dépression.

Avant même ces états pathologiques, il nous arrive de rencontrer ces chatons que nous appelons encore parfois des chatons biberons, trouvés sans leur mère et élevés au biberon avec un développement parfois très compliqué.

Luka : into the wild

Luka est un de ces cas que la pandémie nous a apportés, caractéristique à la fois des racines éthologiques profondes de notre félin domestique et de son changement de statut, mais aussi de la prise en compte de la pathologie comportementale par mes confrères généralistes, qui, conscients de l'anormalité et de l'urgence de la situation, n'ont pas hésité à nous référer ce chaton de 2 mois.

Quand je vois Luka, il a 2 mois et 14 jours… sans aucun doute il a pulvérisé mon record de précocité dans mon exercice de spécialiste pour une prise en charge comportementale.

J'ai une certaine tendresse pour ce chat et ses humains, Lydie et Rémi : il n'y a pas si longtemps, ce chaton aurait été abandonné, remis dans la rue là où il avait été trouvé, euthanasié ou il aurait été conservé avec un danger important pour les propriétaires. Là, tout le monde essaie de sauver la relation, de préserver le lien en soignant ce petit chat par tous les moyens à notre disposition dans le respect de sa santé physique et de son bien-être.

L'histoire de Luka a de quoi émouvoir : dans les rues presque désertes d'un énième confinement, de petits miaulements plaintifs se font entendre. Quand Lydie regarde, elle voit trois chatons de naissance : elle se garde bien de les toucher ou de les prendre, pensant que la mère peut venir les rechercher, et c'est une décision raisonnable. Inquiète de leur sort, elle va surveiller toute la journée pour voir si les chatons sont récupérés. Quand la nuit tombe, et des températures négatives étant annoncées, Lydie décide d'aller chercher les chatons et d'en prendre soin, certaine qu'ils ne survivraient pas au froid à venir.

Malgré cela, deux chatons sur trois vont mourir dans les heures suivantes : seul Luka va survivre.

Lydie et Rémi s'occupent de lui après avoir pris conseil auprès de leur vétérinaire : ils le nourrissent avec du lait maternisé de bonne qualité, l'entourent d'affection et se trouvent désemparés quand, au fur et à mesure de son développement psychomoteur, Luka se révèle de plus en plus « agressif », les blessant très souvent au cours des contacts.

Comme tout « parent », comme toute personne en charge d'éduquer, Lydie et Rémi sont persuadés d'avoir raté quelque chose et d'être en grande partie responsables des troubles de Luka.

Me voilà en face du petit diable…

Une énergie folle semble parcourir ce tout petit corps. Pendant la consultation, il joue avec tout ce qui lui tombe sous la patte : la feuille de papier posée sur le banc, les lames de rideau qui font du bruit quand il les touche ou se cache derrière. Pendant mes consultations, j'interagis beaucoup avec mes patients et, si je défends l'intérêt et l'apport complémentaire d'une télémédecine, nul doute que ces contacts directs sont à la fois une source précieuse de renseignements et un plaisir toujours renouvelé. Avec Luka, le plaisir ne manque pas de piquant ! Dès que je joue avec lui, je peux noter plusieurs points : il n'a peur ni de moi, ni de l'interaction, ni de l'environnement, il est très actif, encore plus réactif et il ne supporte aucune contrainte. Dès que je l'empêche de bouger, ses oreilles se plaquent, il envoie la patte toutes griffes dehors vers tout ce qu'il peut attraper.

Le moment le plus amusant – mais aussi très significatif – de la consultation est sans conteste quand il prend Rémi pour un arbre, lui grimpe sur les épaules puis sur la tête et de là se met à « attaquer » ses oreilles qui ne bougent pas d'un millimètre… Le temps de filmer la scène dans un but d'enseignement, et nous interrompons Luka qui n'apprécie pas de se voir retirer son nouveau jouet.

Sans limite

Pour expliquer de quoi souffre ce chaton, il nous faut reprendre certains éléments déjà décrits : comme Nougat, Luka n'a pas acquis d'autocontrôles corrects mais, là où pour Nougat et ses autres compagnons souffrant du syndrome hypersensibilité-hyperactivité il n'y a que cela comme racine du problème, Luka ajoute l'incapacité à s'inhiber, préalable à toute relation avec d'autres êtres vivants. Nous ne parlons pas là de soumission ou de hiérarchie, réservée aux espèces sociales, mais bien d'inhibition, de capacité à empêcher certaines de ses réactions pour établir un contact avec un autre être vivant. Nous avons vu que, dans d'autres registres, Nougat et son déficit d'autocontrôles, Lucifer et son état anxieux déclenchant des attaques vulnérantes, peuvent aussi mettre en danger la relation, mais ils sont capables d'en établir.

Luka n'est pas équipé pour cette aptitude. Le manque de contact maternel, quelles que soient la bonne volonté et l'attention portée au développement, expose le chaton à une absence de tolérance à la contrainte.

Dans notre nouvelle nomenclature de la pathologie comportementale féline, nous avons souhaité inclure un grand chapitre sur les relations, et nous parlons donc de schézipathie. La racine grecque combine *schezi-*, la relation, et *-pathie*, la souffrance.

Chez le chat, il n'y a pas de sociopathie, comme chez l'homme ou chez le chien, mais des schézipathies. Ce n'est pas la relation sociale qui est en cause avec tout son cortège de règles mais bien la relation simple entre deux individus. Si elle n'est pas marquée par la hiérarchie, elle s'appuie de façon inévitable sur la capacité à s'inhiber, à accepter certaines contraintes et donc à pouvoir se synchroniser.

Certaines relations ne conviennent pas à certains chats, nous aurons l'occasion de les évoquer, et certains chats ne sont pas préparés à la relation à cause de leur développement. Ceux qui comme Luka sont incapables de la moindre inhibition souffrent d'aschézie.

Le nom de cette maladie constitué du *a* privatif devant la partie du mot signifiant relation est sans doute extrême mais il ne doit pas être pris au pied de la lettre : ce n'est ni une condamnation ni un pronostic très sombre. Cela parle de la réalité de départ : privés de contact et de contrôle maternels, ces chatons n'ont pas le mode d'emploi de la relation entre deux individus. Pendant des années, nous avons pensé que ces chatons n'étaient pas de bons candidats à l'adoption, mais les travaux de Joëlle Hofmans dans le cadre du diplôme inter-écoles de vétérinaire comportementaliste ont permis de montrer le contraire[6]. Pour différencier les chatons ayant subi un détachement précoce de ceux qui ont bénéficié bien plus longtemps des apprentissages maternels, nous utilisons le réflexe de portage (prise par la peau du cou – attention, c'est sans violence et ce n'est surtout pas une punition – voir encadré, « Tester le réflexe du portage n'est pas punir », p. 125). Si le chat se met en position fœtale ou détendue, il a été au contact de sa mère jusqu'à 8 semaines ou plus. En revanche, s'il est en hyperextension, griffes sorties et menaçant, il n'a en principe pas bénéficié du contact maternel après 5 semaines. Le postulat de départ était que les chatons présentant un mauvais réflexe de portage feraient de moins bons chats de compagnie que ceux qui apportaient la preuve d'un développement plus harmonieux. Les résultats ont montré le contraire. Les personnes ayant adopté un chaton présentant le « mauvais » réflexe de portage en étaient plus satisfaites à un an que celles qui avaient adopté un chat au développement normal. Il nous a fallu réfléchir à ce que cela pouvait signifier, et nous avons remarqué que ces chatons au « mauvais » réflexe montraient comme prévu beaucoup plus de signes anxieux et que leur manière la plus classique de combattre cet état était de développer un hyperattachement avec leur humain. Ils passaient par exemple beaucoup plus de temps sur les genoux qu'un chaton « normal » qui, dans sa première année, passait beaucoup plus de temps à jouer, à gambader, à explorer, qu'à faire des câlins sur les genoux. Ils souffraient donc bien d'un trouble du comportement, mais leur tuteur de résilience était le lien noué avec leur humain qui se sentait alors investi d'une mission importante et appréciait beaucoup cette relation. Si l'attachement est bien au cœur de ce paradoxe, il n'en reste pas moins que cela nous a amenés à réviser notre jugement.

Soyons précis, tous les chats ayant un mauvais réflexe de portage ne sont pas aschéziques. Si cela fait partie des éléments qui viennent étayer la suspicion, il est important de souligner que cela peut évoluer. Ce sont certains bénévoles d'association de protection animale qui m'ont appris à ne pas être trop catégorique dans mon pronostic. Après avoir vu des chats dont je pensais que jamais ils ne pourraient devenir sociables, changer d'attitude pour devenir des chats très familiers, parfois avec une seule personne, mais souvent amicaux avec tous les humains, je n'ai pu que reconnaître qu'un très mauvais départ n'équivalait pas à une condamnation. D'autant plus que les traitements que nous pouvons mettre en place permettent de diminuer le danger et nous autorisent donc à prolonger l'expérience de la cohabitation.

Luka est un exemple vivant de ce paradoxe.

Un bien mauvais départ

Quand je teste son réflexe de portage, je m'attends à une vive réaction de sa part et, comme prévu, il feule et commence à se débattre mais, après quelques secondes, je le sens soudain se détendre dans ma main et la fin ressemble presque à un réflexe positif de chaton ayant connu un développement normal.

Cela me permet de comprendre que ce chaton, à l'histoire fracturée, est déjà en train de se réparer même si, à l'instant de la consultation, la vie avec lui est encore difficile.

Répétons donc encore une fois notre mantra et ce ne sera pas la dernière fois : la punition physique n'est jamais intéressante chez le chat ! Elle ne règle jamais les troubles du comportement et aggrave les états anxieux. L'erreur vient du fait que – et il y a la place pour une large discussion – cela a pu être considéré comme une sanction efficace chez le chiot à condition que cela soit modéré, simultané et effectué à la manière des chiennes, c'est-à-dire en tenant le petit chien au sol par la peau du cou et non pas en le secouant comme un prunier.

Tester le réflexe du portage n'est pas punir

La prise par la peau du cou est donc un test diagnostic et la reproduction d'une manœuvre classique de la mère qui change le nid de place et brouille ainsi les pistes pour les éventuels prédateurs : ce n'est en aucun cas une punition !
Je l'entends parfois dans la bouche de mes clients quand j'évoque l'existence de punitions, de sanctions physiques dans les cas de malpropreté par exemple. Quand ils comprennent qu'ils ne sont pas jugés mais écoutés, beaucoup me racontent que, exaspérés par le fait de retrouver encore une fois une miction qui a souillé leur lit, ils ont pris le chat par la peau du cou et l'ont secoué avec plus ou moins de véhémence « pour lui expliquer qu'il ne fallait plus faire cela, que c'était mal ». Maintenant plus informés en comportement du chat, vous avez compris que cela ne peut pas fonctionner ! Soit le réflexe est encore actif, et il y aura une déconnexion du petit félin avec son environnement, soit il ne l'est plus, et la manœuvre sera douloureuse et déclenchera une réponse agressive, en aucun cas il n'y aura eu apprentissage.

Chez les chats, rien de tout cela n'existe, et si les mères passent beaucoup de temps à éduquer et à contrôler, elles n'emploient jamais cette méthode.

Luka a bien reçu de la part de ses humains deux ou trois petites tapes (et cela, les chattes peuvent le faire) mais sans violence et plus disruptives que punitives, mais rien ne l'a arrêté. Il est arrivé à Rémi, cible principale des jeux violents, de gronder le chaton en le menaçant mais sans jamais le frapper.

La suite de la sémiologie (l'étude des signes comportementaux dans tous les secteurs) nous confirme l'évolution plutôt favorable après une situation de départ sévère.

Luka était très vorace quand il prenait le biberon : il s'énervait, le lâchait, le reprenait comme un enfant à la faim inextinguible et frustré par une satiété jamais atteinte. Il s'est ensuite régulé en n'ayant jamais reçu la permission de venir à table (ces petits chats très vifs sont souvent des chapardeurs qui viennent voler jusque dans les assiettes), sans violence mais avec fermeté, avec en parallèle un accès constant à une gamelle proposant des croquettes de qualité.

L'apprentissage de la propreté a été précoce : Lydie a beaucoup lu et a reçu les bons conseils. Ayant eu le chaton à 1 ou 2 jours, au moment où ses sphincters ne sont pas compétents, elle savait qu'il fallait mimer le comportement de la chatte qui déclenche le réflexe périnéal. Par bonheur, nul besoin de lécher le ventre du chaton, de déclencher l'émission des selles et des urines et de récupérer tout cela à grands coups de langue. Un massage doux du bas du ventre et de la zone périnéale permet de déclencher l'excrétion et il est ensuite alors possible d'essuyer le chaton avec du papier-toilette ou un essuie-tout assez doux. Assurer la fonction vitale au début de la vie, c'est bien, mais enseigner au chaton les points clés de la fonction, c'est mieux. Lydie le sait et comme Letti dans l'émission déjà citée[7], elle va démontrer l'usage de la caisse à Luka en grattant et en déposant quelques éliminations puis en les recouvrant. Comme un chaton au développement guidé par sa mère, Luka a été propre avant 4 semaines.

Ses marquages sont désordonnés : s'il n'a jamais fait de marquage urinaire, il ne fait pas non plus de marquage facial sur les objets inanimés (ou pas encore ! il a 10 semaines quand je le vois). En revanche, il se frotte déjà beaucoup à eux, mais parfois, trop souvent à leur goût, et j'en suis d'accord, la séquence finit par des jeux ou des attaques incontrôlés et vulnérants.

Quant à sa pratique éliminatoire, si elle a été mise en place assez tôt, elle comporte quelques bizarreries. Après quelques semaines de traitement, alors que les attaques sont maîtrisées dans leur très grande majorité, Luka va élire la caisse d'élimination comme lieu de repos. Comme beaucoup de jeunes couples, Lydie et Rémi n'ont pas un grand appartement et ont privilégié une caisse avec un couvercle pour être moins incommodés par la vue des selles et par les odeurs. Luka a décidé d'en faire un de ses champs d'isolement favoris. Dès qu'ils me le signalent, nous mettons en place une redirection vers d'autres lieux plus adaptés en l'attirant avec de la nourriture ou du jeu, mais Luka semble sourd à ces propositions.

La situation devient ennuyeuse pour Lydie et Rémi qui insistent pour trouver une solution. Qu'arrive-t-il à notre petit diable, privé de contrôle et d'éducation maternels mais qui a évolué dans le bon sens grâce au traitement et aux soins attentifs de ses humains ? La clé réside dans l'amélioration. En train de réinventer un répertoire comportemental (presque) normal de chat, Luka cherche alors des lieux d'isolement plus protégés. Je propose à Lydie d'acheter pour Luka ces « igloos » en fourrure, sortes de petites tentes très confortables pour les chats et répondant au double objectif d'être protégés et de pouvoir observer sans être vus. Après quelques hésitations, Luka va finir par adopter sa nouvelle cabane et va abandonner sa litière pour la réserver à ses éliminations.

L'histoire de Luka me semble exemplaire, bien sûr et aussi parce que, pour l'instant, elle finit bien, mais ne vendons pas la peau de l'ours...

Tout n'est pas joué à la naissance

Cette histoire permet aussi de répondre à une question cruciale de notre discipline : tout est-il joué dans le développement précoce et est-il illusoire de vouloir infléchir la courbe d'un destin ?

Je ne suis pas inconscient et je sais bien que, pour un couple comme Lydie et Rémi, beaucoup d'autres auraient renoncé et renvoyé Luka dans la rue, mais j'ai l'impression de voir de plus en plus de ces nouveaux « maîtres » qui ont en tête la recherche de l'équilibre entre leur vie quotidienne et le bien-être de leur animal. Notre rôle est bien d'être des protecteurs de la relation, de comprendre les peurs et les exaspérations des humains et de connaître, à l'évidence, les besoins fondamentaux de chaque espèce que nous soignons mais plus encore d'être capables de décoder pour chaque individu les ressorts de son équilibre.

La psychiatrie – et je parle de la psychiatrie aussi bien humaine que vétérinaire – est la cible de deux critiques majeures :

– tout apprécier à l'aune de la psychopathologie et courir le risque de ne plus considérer aucun comportement comme normal, ou au contraire de ne plus être capable de fixer les limites de l'acceptable ;
– être normative, orientation qui vient de la définition de la santé donnée par l'OMS en 1945 et qui n'a pas été remise en cause depuis : « La santé est un état de complet bien-être physique, mental et social, et ne consiste pas seulement en une absence de maladie ou d'infirmité*. »

* Constitution de l'OMS, 1985 [1946].

Inclure dans la santé le bien-être social constituait un risque majeur. Si quelqu'un n'est pas satisfait de la société dans laquelle il vit, cela doit-il être défini comme une maladie ? Je pense que nous avons tous la réponse à cette question ! Le danger est évident : « traiter » quelqu'un pour ce malaise social, cela ne peut être que du ressort de la psychiatrie qui devrait devenir le bras armé de la paix sociale forcée. Pour côtoyer un certain nombre de psychiatres et pour avoir plusieurs d'entre eux comme amis proches, il ne m'est pas difficile de témoigner que, dans l'immense majorité des cas, c'est le contraire et qu'il y a, chez la plupart d'entre eux, une écoute, une tolérance et une compréhension qui sont très inspirantes et qui invitent au respect.

Pas de norme sociale pour nos chats

Je peux témoigner pour ma discipline et pour l'approche que nous avons développée en France depuis les années 1990. Les chiens et les chats n'ont pas besoin de correspondre à une norme sociale. Cela pourrait encore se discuter pour les chiens, qui ne doivent pas produire de nuisances et qui se retrouvent parfois sous les projecteurs de l'actualité quand il s'agit de « chiens dangereux ». Qu'il me soit permis de rappeler à quel point nous nous opposons à cette absurde catégorisation des chiens engendrée par une loi raciste et aux conséquences graves sur le bien-être de dizaines de milliers de chiens et de leurs propriétaires. Et pour nos chats ? Eux, pour le coup, n'occupent aucun espace social – à l'exception des chats errants dont toutes les mairies ont un jour ou l'autre à s'occuper – et ne sont donc soumis à aucune norme. Notre psychiatrie à

leur égard n'a ainsi aucune volonté normative et n'intervient que pour leur santé, leur équilibre et leur bien-être.
Quant à considérer tout ou rien comme normal, notre métier même de vétérinaire nous apprend à faire le contraire. Tracer la frontière entre le normal et le pathologique est notre travail quotidien.
La définition de la normalité est aussi affaire de culture, de lieu et d'époque, et, pour une espèce, de son statut d'animal domestiqué ou non.

Domestiqué ou apprivoisé ?

J'ai déjà eu l'occasion d'évoquer le travail de J.-D. Vigne[8]. J'ai été frappé par le fait que, malgré la découverte des tombes de ces chats (dont il est admis que cela leur donne une valeur affective), l'auteur et ses collègues disent préférer ne pas parler de domestication pour le chat. Celui trouvé par l'équipe de Jean Guilaine sur le site de Shillourokambos à Chypre était un individu de grande taille : les scientifiques ont décidé d'utiliser le mot *taming* qui a avant tout le sens d'apprivoisement (l'acception de domestication est beaucoup plus rare). C'est aujourd'hui tout le sujet autour de la représentation de notre chat actuel qui crée la discussion autour de la prise en charge de leurs affections comportementales. Nous adressons-nous à un animal domestiqué ou s'agit-il encore d'un animal liminaire qui vit en partageant notre espace privé mais dont la domestication n'est pas aboutie ?

Rappelons que la définition même de ce mot est toujours sujette à controverse. En fonction du champ disciplinaire des auteurs, le côté social ou biologique est privilégié. En accord avec Nerissa Russell[9], nous pensons qu'il faut prendre les deux en considération. Chez le chat, tout dépend de ce que vous décidez de regarder : si nous ne considérons que les élevages, avec la modification de la morphologie, l'apparition des hypertypes, des distorsions conservées comme des caractéristiques de race, dans un environnement qui ne permet à la reproduction de s'exprimer que dans un contexte très précis et dirigé par l'humain, alors la domestication est évidente. Il suffit de se tourner vers toutes les associations qui s'occupent des chats des rues pour penser le contraire : la morphologie des chats n'a pas beaucoup changé depuis très longtemps, et beaucoup aimeraient avoir un meilleur contrôle de leur reproduction.

Les protecteurs brandissent toujours leurs statistiques effrayantes : en quatre ans, un couple de chats non stérilisés pourrait être à l'origine de la naissance de plus de 20 000 chatons, de quoi donner le vertige, et cela ne se vérifie d'ailleurs jamais : ce calcul très théorique ne tient compte d'aucun facteur de régulation. Cela explique toutefois cette version moderne du tonneau des Danaïdes : capturer des chats et les faire stériliser ne revient jamais à faire disparaître une population de chats errants. Il a fallu des décennies à beaucoup, responsables administratifs, protecteurs, vétérinaires, pour le comprendre et mettre en place une politique du chat libre, rendue possible par la disparition de la rage comme maladie endémique en France. Il est beaucoup plus efficace de capturer les chats, de les stériliser et de les relâcher dans leur lieu de vie habituel que de les éliminer. La nature a horreur du vide et, si une niche écologique convient à des chats, vous y trouverez des chats que vous le vouliez ou non… Autant que ce soit ceux que vous avez stérilisés, qui ainsi ne contribueront pas à une explosion de la population.

Alors, domestiqué, le chat ? Nous l'évoquions déjà dans le premier chapitre : pas tout à fait !

La plupart de nos chats domestiques pourraient revenir à la vie sauvage et être autonomes, se nourrissant de petites proies. Il arrive encore aujourd'hui que certains chats reprennent une vie sans contact avec l'humain et sans aide de sa part. S'ils se nourrissent encore autour des maisons de denrées anthropiques, ils sont appelés des chats errants. S'ils ont retrouvé leur capacité intacte de chasseurs et qu'ils s'éloignent de l'habitat humain pour rejoindre les forêts, ils sont appelés chats harets. Leur nom vient d'ailleurs du verbe du vieux français « harer » qui veut dire chasser (par ses propres moyens).

L'existence de ces chats est riche d'enseignements : pour eux le voyage de la domestication offre encore la possibilité d'un aller-retour. Une espèce qui a eu la « chance » de vivre au contact de l'être humain peut décider de s'en affranchir. Je crois que c'est une des raisons de la colère qu'ils suscitent et qui les fait accuser des mille maux dont le plus grave aujourd'hui est l'atteinte à la biodiversité. L'espèce féline nous fait l'affront de ne pas considérer comme acquis que le fait de vivre en domestique de l'être humain est une chance à ne pas laisser passer…

Et nous, vétérinaires psychiatres, que devons-nous faire ? Où nous plaçons-nous sur ce curseur entre le sauvage et le domestique ?

Des soins et de la sollicitude

Notre médecine du comportement n'est – je le répète mais c'est primordial – ni normative ni moralisatrice. Nous avons les éléments scientifiques pour défendre le fait qu'une vie en intérieur peut être, à certaines conditions, une vie harmonieuse pour un chat et qu'une vie en extérieur si elle est parfois plus stimulante comporte aussi beaucoup plus de dangers. Ce qui est favorable à l'espèce ne l'est pas toujours à l'individu… loin de là.

Notre mission est alors claire :

- fuir tout dogmatisme qui nous ferait rejeter comme insupportable l'idée de chat domestique, enfermé, captif, comme les appellent certains, ou comme inadéquate la possibilité pour un chat de sortir et d'exprimer des comportements de chasseur et de proie avec toute l'intensité que la réalité du risque suppose ;
- apporter notre sollicitude et nos soins (la fameuse éthique du Care) : nous sommes là, attentifs à la réalité unique de chaque individu, à la façon dont il s'adapte ou non à son environnement, en fonction des ressources, aux conséquences positives ou délétères des relations qu'il entretient avec les autres êtres vivants de son environnement.

En connaissance de cause, nous vérifions que les 5 libertés (ou les 5 besoins, ou encore les 5 domaines chers aux théoriciens du bien-être) soient respectées, ainsi que les 5 piliers[10] d'un environnement positif pour un chat (voir encadré). Cela revient au débat sur la normalité : je crois, en raison de leur double nature, qu'il y a encore plus de façons d'être « normal »

Les 5 piliers d'un environnement sain pour le chat

suivant l'International Society for Feline Medicine

Pilier 1

Lui offrir un endroit sûr.

Pilier 2

Prévoir des ressources multiples et séparées : nourriture, eau, zone de toilette, zone de griffade, zone de jeu et zone de repos ou de sommeil.

Pilier 3

Lui donner l'occasion de jouer et d'exercer son comportement de prédateur.

Pilier 4

Lui offrir des interactions sociales positives, cohérentes et prévisibles.

Pilier 5

Veiller à ce que son environnement respecte l'importance des sens et de l'odorat du chat.

chez le chat que chez le chien et qu'il n'est pas question de tout classer dans la pathologie.

Mais nous avons aussi des indices fiables de la souffrance, de l'incapacité de s'adapter et de l'absence spontanée de réversibilité, ce qui constitue pour nous des marqueurs certains de l'entrée dans la pathologie comportementale.

Alors, dans le cas de Luka, il nous semble qu'il est facile de se positionner. Ce chaton était voué à une mort certaine, les conditions de vie qui lui sont offertes, l'attention qui lui est portée sont de bonne qualité. En revanche, le traumatisme lié aux premiers jours de développement et sa vulnérabilité individuelle, en ayant altéré ses capacités d'inhibition et d'autocontrôle, l'ont fait basculer dans le versant pathologique, entraînant de la souffrance pour lui et du danger pour les autres. Notre rôle de vétérinaire est donc de soulager cette souffrance, de permettre de nouvelles capacités d'adaptation et d'accompagner Luka sur le chemin de la récupération de ses autocontrôles et de sa capacité d'inhibition. Ensuite le traitement médical pourra s'arrêter et nous pourrons ne continuer que la thérapie, qui s'inscrira plus comme une attitude dans la vie quotidienne de ce groupe. Cela me permet de signaler un point important dont je sais qu'il inquiète beaucoup de mes clients : non, le traitement n'est jamais prévu à vie. Nous nous servons du médicament pour redonner de la plasticité cérébrale, et, sauf dans de rarissimes cas, la règle générale est d'arrêter l'administration des traitements au bout d'un certain temps, 6 mois, 12 mois, 18 mois, cela dépend du cas, du diagnostic, de son pronostic initial et de l'intensité du travail de thérapie mené en parallèle.

Luka a donc reçu un psychotrope agissant sur la sérotonine : c'est dans notre modèle actuel le neurotransmetteur impliqué dans les déficits de contrôle, dans les agressions vulnérantes.

L'aider à développer ses autocontrôles

La thérapie est classique mais efficace : arrêter toute sanction physique (il en a eu très peu) et les menaces verbales qui peuvent être sensibilisantes de la même façon. Avoir très peur peut déclencher autant de réponses phobiques qu'avoir mal. En revanche, il est facile chez un chaton « normal » d'enseigner par exemple la commande « Patte douce » en appuyant sur les doigts pour faire rentrer les griffes en cas de jeu aux griffades incontrôlées. Dans le cas de Luka, le contrôle apporté par le médicament a permis cet apprentissage. La redirection des attaques sur des jouets autorisés est intéressante aussi, mais, au risque de prendre une nouvelle position peu orthodoxe, je pense qu'il est crucial de continuer à jouer avec les mains pour vérifier l'acquisition des autocontrôles de griffades et de morsures. Les prises de contact piquantes ou coupantes se sont beaucoup espacées et la vie est devenue agréable. Luka progresse encore, il rechute par épisodes mais de façon moins sévère, Lydie et Rémi l'accompagnent avec tendresse et respect, et moi je savoure l'éphémère victoire sur les abandons.

Luka représente un cas extrême mais révélateur de la difficulté pour certains « chats biberons » de développer des relations de base. Ces chats ne sont pas rares, mais disons-le encore : ils sont accessibles au traitement et, si cela demande empathie et connaissances, leur pronostic n'est pas mauvais. Une des dernières vidéos reçues dans le cadre de son suivi me montre un grand chat adulte, couché à côté de son humain et se frottant à lui. Le petit mot qui accompagnait la vidéo disait : nous pensions que cela vous ferait plaisir et, de fait, j'ai éprouvé beaucoup de joie à la vue de ce résultat.

À côté d'eux, ce sont des dizaines de milliers, peut-être même des centaines de milliers de chats qui souffrent de l'inadéquation entre leur capacité de relation et ce qui est attendu : autant de quiproquos interspécifiques, de relations voulant être gentilles qui deviennent relations subies, inquiétantes ou simplement inadaptées.

Il est temps de leur rendre justice et de redonner l'espoir à tous.

Isis, voyage au bout de l'enfer

Les chats ne sont pas des chiens, faut-il le répéter.

Ma pratique me pousse à croire que oui, tant je vois des cas où, sans malice mais avec l'absence de capacité de décentrage de la part des humains, beaucoup d'entre eux sont traités comme tels.

Les ressemblances entre les deux espèces sont nombreuses : ils appartiennent tous deux à l'ordre des carnivores, vivent avec l'humain depuis plusieurs milliers d'années. Ils se développent tous deux dans l'attachement et cela leur donne la capacité, et pour toute leur vie d'adulte, de nouer des relations positives. Ils vivent aussi dans un monde sensoriel partagé : leurs cinq sens sont les mêmes, et, par exemple, dans les deux espèces, l'odorat beaucoup plus développé que le nôtre les fait vivre dans un monde plus proche. Ce sont des espèces néoténiques, dont certaines caractéristiques juvéniles persistent toute leur vie d'adulte, comme la capacité de jouer, et c'est encore plus vrai avec nous qui leur offrons la protection d'un abri et la garantie de l'alimentation

Bref, la confusion est compréhensible.

Aline et Raymond viennent en consultation en région parisienne dans un grand centre vétérinaire. Nous sommes en hiver, tous les deux sont emmitouflés dans des doudounes qui – je vais vite le découvrir – ne leur servent pas que de protection contre le froid.

Ma patiente est une petite chatte noire, à poil ras, qui sort sans grande inquiétude de sa cage : elle vient vers moi, je la caresse une fois et, au deuxième contact, elle s'arrête et souffle. Ce feulement est une menace comme un grognement chez le chien. Il indique la volonté d'augmenter la distance et il demande la cessation de contact.

Je m'interromps après cette entrée en matière et demande la raison du rendez-vous. Aline prend la parole :

« Vous venez de le voir : elle attaque ! Elle me fait peur !…

Et en plus maintenant elle est malpropre. »

Voilà réunis en quelques mots les deux plaintes les plus classiques en consultation de médecine du comportement félin : elles représentent la partie émergée de l'iceberg.

Isis se promène dans la consultation, elle saute sur les genoux d'Aline puis passe sur Raymond et revient sur Aline qui la caresse et déclenche au bout de quatre ou cinq contacts la même menace.

Tout en recueillant les différents éléments sémiologiques, j'observe Isis : alors que sa caisse de transport est ouverte, elle ne s'y réfugie pas. Elle passe plusieurs fois devant, la renifle mais n'en fait pas son refuge comme c'est le cas pour beaucoup de ses congénères qui ne daignent pas nous accorder leur présence pourtant précieuse pendant la consultation.

En revanche, à chaque passage, elle frotte le haut de sa tête juste en dessous de son oreille sur Aline et Raymond, ce qui déclenche une prise de contact de la part de l'un ou de l'autre. Les deux ou trois premières caresses sont supportées, mais la suivante déclenche, *a minima,* le fait de se retourner, de souffler, de cracher et, souvent, d'esquisser un coup de patte, plus ou moins appuyé.

Une souffrance en résonance

Le travail de vétérinaire psychiatre est basé, d'un côté, sur les connaissances qui ne cessent de progresser sur le fonctionnement cérébral, sur les neurotransmetteurs et leurs récepteurs et, de l'autre côté, sur l'empathie qui ne peut qu'être multiple et dirigée à la fois envers l'animal dont nous essayons d'interpréter les comportements à l'aune des données récentes ou plus anciennes mais solides de la science, mais aussi envers les humains qui accompagnent notre patient. Dans un cas comme celui d'Isis, si nous prenons le terme patient au sens strict, celui qui souffre, il s'applique aussi aux propriétaires. Il est sûr que, si Isis est ma patiente désignée, je perçois aussi la souffrance humaine. Il n'est pas question pour moi de me substituer à un psychologue, à un psychiatre ou à un conseiller familial, mais la partie de la relation qui a un impact sur l'animal entre dans mon champ d'intervention. Si je peux comprendre dans un premier temps, expliquer ensuite, et, après avoir entraîné l'adhésion des clients, donner les solutions pour dénouer les fils qui enserrent le groupe dans un étau douloureux, alors j'aurai soigné l'animal – et c'est ma mission – mais aussi permis un fonctionnement harmonieux et amélioré le bien-être de tous.

Le travail sémiologique – le recueil des signes que je transforme en symptômes – part de l'observation de l'animal et de la narration par les humains qui vivent avec lui. Il est évident que nous avons toujours le point de vue humain en plus de ce que nous essayons de capter du ressenti de l'animal. C'est un point de philosophie et d'éthique animale qui me paraît aujourd'hui important à souligner. Par définition, nos animaux de compagnie sont hétéronomes : ils dépendent des décisions des humains qui les accompagnent, qui les représentent, qui les choient et qui parfois les maltraitent. Jamais ils ne peuvent en toute rigueur donner leur avis même si leur comportement, leurs réactions parlent pour eux. Je l'ai déjà souligné, nous avons aujourd'hui les moyens d'attester de la souffrance et de reconnaître les états pathologiques de nos félins domestiques. Il n'empêche… cela ne nous donne pas l'intégralité de leur représentation, de leurs émotions et de leur pensée.

L'observation d'Isis me donne beaucoup de clés : il n'y a pas chez cette chatte d'aversion pour les humains, pas de peur démesurée du contact. Elle ne cherche pas à nous fuir, elle est même capable d'être intéressée par le contact avec un étranger. Elle cherche à se rassurer en revenant vers ses humains de compagnie sur qui elle pratique de l'allomarquage (le fait de se frotter et de déposer des phéromones de familiarisation), ce qui indique un attachement de bonne qualité. Il y a des signes positifs évidents sur cette relation. Alors comment la situation a-t-elle pu se dégrader au point de provoquer un état pathologique avec les signes majeurs d'une anxiété intermittente que sont le marquage urinaire et les agressions par irritation ?

Il est temps, après avoir interrogé le comportement du chat, de compléter avec les renseignements humains.

« Racontez-moi : quand et comment sont apparues les premières agressions ? »

Pendant ce temps-là, Isis a sauté sur les genoux d'Aline et est en train de se frotter à son menton. Je ressens la peur d'Aline lors de la prise de contact.

« Eh bien, un peu comme cela… le soir Isis me rejoignait quand je me couchais et elle se frottait à ma tête comme vous l'avez vue faire. Je la caressais et un soir soudain elle m'a mordue fort au menton. J'ai crié et elle est partie.

– Cela s'est passé une seule fois ?

– Non, notre rituel de câlins au coucher était bien établi. Tous les soirs, elle venait se frotter et elle ronronnait. Mais, quand elle est revenue le lendemain, je me suis méfiée. Je lui ai un peu caressé la tête, mais quand j'ai senti qu'elle allait encore me mordre, je l'ai repoussée.

– Alors en tout, combien de fois cela s'est passé ?

– Au moins quatre ou cinq fois. Deux fois au moins, alors que je nous pensais en plein câlin, elle m'a mordue au menton et je l'ai chassée. Et ensuite, elle s'est mise à pisser en plus !

– Et vous avez réagi comment ?

– Comme on nous l'avait expliqué. Je lui ai montré, lui ai mis le nez dedans et je lui ai donné une petite tape pour lui dire que ce n'était pas bien. »

Croyez-le ou non, mais l'efficacité passe par le fait de ne pas juger même si nous savons, dans un cas comme celui-ci, que certaines des réponses humaines ont aggravé la situation. Nous prenons toujours en compte le fait que ce n'était pas intentionnel, et il est primordial de distinguer l'erreur de la faute. Il n'y a pas de culpabilité à agir en croyant en toute bonne foi que c'est la bonne réponse.

Compréhension plutôt que coercition

Il faut juste expliquer à quel point les chats ne sont ni des chiens ni des humains, à quel point pour eux la relation est facultative. Appartenant à une espèce par définition non sociale, les chats sont dépourvus de mécanismes de collaboration et surtout de réconciliation. Appartenant à une espèce à la double nature déjà évoquée, prédateur bien sûr mais proie surtout, les chats sont vulnérables à la sensibilisation et cela aussi dans leurs relations. Cela veut dire que, si une relation, pourtant privilégiée au départ, se met à devenir négative, effrayante ou dangereuse, le chat peut y renoncer et réagir de façon de plus en plus négative aux situations de contact.

En fait, je vais vous dire un secret : les chats ont toujours sur eux, dans la poche intérieure de leur costume, un carnet rouge dans lequel ils notent les événements désagréables. Les notes de ce carnet ont une caractéristique bien ennuyeuse : elles ne s'effacent pas. Il faut donc à tout prix éviter d'être inscrit dans le carnet et, pour cela, proscrire à jamais les punitions physiques ou verbales, les menaces effrayantes, les manipulations désagréables.

Même si votre chat vient de faire du marquage urinaire sur vos rideaux pour la douzième fois ou vient de casser un vase précieux, avant de le taper ou de crier très fort après lui, pensez au carnet rouge et abstenez-vous. Cela ne veut pas dire qu'il faut tout accepter et qu'il est impossible d'éduquer un chat, mais cela ne passe jamais par la coercition. « Les chats, c'est comme le papier, ça se froisse très vite », disait Guy de Maupassant qui créa une ligue de défense de ces félins avec Alexandre Dumas, Anatole France et Charles Baudelaire. L'image est juste et jolie : comme du papier froissé, il ne revient jamais à son état antérieur.

C'est dire l'importance de ne pas abîmer la relation. Pour Aline avec Isis, il est déjà tard, mais ce n'est pas encore irrémédiable.

Morsure, tape, un enchaînement délétère

Isis aime son humaine, et la morsure est pour elle presque une épectase, confondant amour et souffrance, elle vient signer l'acmé du plaisir de la rencontre et constitue le point de départ du quiproquo. Il n'y a en effet avant cet acte aucune des prémices de l'agression : cette morsure est excitation, elle n'est pas attaque. Nous pouvons comprendre Aline, mordue par surprise là où elle attendait une manifestation de tendresse et sa réaction de défense instinctive mais qui n'a pas de sens pour le chat qui était en pleines délices de la rencontre affectueuse. Ensuite vient le temps de la méfiance et de la sensibilisation pour les deux : pour Isis, l'amie humaine devient imprévisible et peut menacer ou taper, de quoi ouvrir son carnet rouge et l'inscrire à la première page. Imaginez le désarroi du chat : bouleversée par la rupture du lien, déboussolée dans cet échange devenu imprévisible, Isis va faire ce que font les chats : essayer de rétablir l'harmonie en marquant son territoire et en privilégiant le marquage urinaire, signe que la situation est en train de se dégrader. Les punitions qui s'ensuivent, si souvent répétées, si souvent entendues et qu'il faut honnir à jamais, vont encore aggraver la situation. Ce qui nous donne de l'espoir, c'est que la situation ne date que de quelques semaines, et l'apparition du marquage urinaire est encore plus récente : il y a la possibilité d'un rétablissement. Isis a commencé à exprimer les signes d'une anxiété intermittente, nous la traiterons donc, mais cela n'a de valeur et de succès que si l'explication permet de sortir du cercle vicieux.

Une fois de plus, pendant la consultation, Isis a sauté sur les genoux de son humaine qui l'a caressée et qui a fini sa caresse par un léger pincement de la queue qui a, sur le fait, déclenché une menace de la chatte. Isis revient pourtant se frotter au menton d'Aline qui la caresse, et je l'interromps.

« Pas plus ! Une seule caresse... attendez qu'elle redemande le contact. Elle veut être sur vous, contre vous, peut-être déposer ses marques de familiarisation, mais cela ne signifie pas qu'elle veut être touchée, ni que cela lui soit agréable.

– Mais enfin, si elle vient sur moi, c'est bien pour que je la caresse.

– Non, si elle vient sur vous, c'est pour... être sur vous. »

La surprise est manifeste pour mon interlocutrice et je le comprends !

« Nous, humains si nous montons sur les genoux d'un autre humain, en principe nous attendons, voire nous espérons une suite. »

Le couple rit de bon cœur et je souris avec eux.

« Mais, pour les chats, ce n'est pas évident du tout. Vous avez vu : depuis le début de la consultation, Isis vient se rassurer contre vous, mais, dès que vous la touchez, elle repart. Vous êtes son refuge, mais il faut imaginer que vous avez des gants de feu. Si vous la caressez une fois, ça va, mais si vous insistez, cela la « brûle », en tout cas cela lui est douloureux. »

Traducteur en ligne

Me revoilà interprète ! L'espèce humaine et l'espèce féline ont des programmes comportementaux différents, et les contresens éthologiques peuvent être nombreux même si, en général, il n'est pas si difficile, en connaissant les chats, de pouvoir faire le chemin à leur rencontre. Nous nous targuons d'avoir les capacités cognitives les plus développées, alors utilisons-les pour mieux comprendre ceux qui nous font l'amitié de vivre avec nous, et nous avons vu qu'avec un chat cela n'est jamais inscrit dans le marbre. C'est un moment majeur de la consultation : souvent le diagnostic n'est pas si difficile, mais, pour donner toutes ses chances à la thérapie, il faut construire une alliance thérapeutique de qualité. Cela passe par l'adhésion des responsables de l'animal à la vision de l'origine du problème. Ici, je sens bien qu'Aline et Raymond n'étaient pas convaincus par mes premières explications, mais la métaphore des genoux et surtout celle des gants de feu a modifié leur vision. Isis m'aide bien : elle leur montre depuis une heure que nous sommes dans la salle de consultation à quel point ils sont importants pour elle, à quel point ils sont à la fois refuge et base de sécurité. Cela définit la base d'un attachement rassurant, de bonne qualité et je peux dire à Aline sans mentir que son chat l'aime et qu'il ne faut chercher la racine du trouble que dans ce contresens éthologique, j'ai failli écrire culturel.

Construire une relation respectueuse

Une prise en charge est toujours une construction commune, avec la mise à disposition du savoir du praticien, la volonté de réparation des humains sans oublier la participation de l'animal. Il faut l'accord de tous et le partage d'une vision commune. Tout le monde doit y gagner : le chat en tout premier lieu qui est notre patient, mais aussi les humains qui l'accompagnent.

Pour Isis, ne plus être punie avant tout et pouvoir garder un contact non intrusif avec ses êtres d'attachement sont deux impératifs. Aline et Raymond, même s'ils ont maintenant compris que la chatte peut se rapprocher d'eux pour être à leur contact mais sans être touchée, aimeraient bien avoir plus de contact. C'est Isis qui m'a donné l'idée de mettre en place une thérapie du désir.

Obtenir le consentement ou la thérapie du désir

Le chat doit pouvoir exprimer sa volonté de contrôler la quantité de caresses et donc de la limiter à sa guise. Mettez au point un signal de contact : par exemple, présentez la main poing fermé, avec le majeur recourbé. Si le chat se frotte, c'est comme s'il vous donnait un ticket pour un contact. Prodiguez alors une caresse douce, lente et sans à-coups. Finissez en effleurant mais ne pincez pas la queue, bien sûr. Représentez votre main de la même façon, si le chat se frotte à nouveau, vous pouvez recommencer la caresse, mais, s'il ne vient pas au contact, interrompez la séance. En quelques fois, Isis a ainsi compris qu'elle ne serait pas plus touchée que ce qu'elle souhaitait. L'arrêt des punitions a fait diminuer l'état anxieux, bien aidé par le traitement médical adapté qui visait à diminuer l'hypervigilance et à réduire le marquage. Il est facile de comprendre que, sans adhésion à la construction de l'état pathologique et, en conséquence, à la thérapie qui va permettre de restaurer l'équilibre, l'utilisation d'un médicament seul ne suffira pas – ou pas longtemps – à améliorer les symptômes. Traiter avec des psychotropes est souvent un élément nécessaire, ce n'est jamais suffisant.

Prenez rendez-vous avec votre chat !

En plus de la thérapie du désir, nous prescrivons aussi à notre groupe humanimal une thérapie de rendez-vous. Si vous voulez avoir un moment de complicité avec votre chien, il vous suffit, dans la plupart des cas, de l'appeler. En revanche, avec votre chat, cela n'est pas aussi simple. Oui, oui, je sais, vous, vous avez un chat qui répond quand on l'appelle et qui est toujours prêt au contact. Les généralités sur les chats trouvent toujours leur contre-exemple. Mais restons dans le cas plus général. Flora, ma dernière compagne féline, est une chatte affectueuse et gentille, tant qu'elle n'est pas trop contrainte. Je connais les deux endroits et les deux moments qui me garantissent presque à coup sûr une grande séance de câlins et de ronronnement. Le soir, devant la cheminée, mais il suffit que les chiens soient trop proches, et elle ne viendra pas. La fin de nuit et le matin dans le lit, elle adore se coucher sur mon dos ou sur ma poitrine, ronronner, se frotter et jouer au Simon's Cat qui déclenche le réveil de son humain[11]. Mon rendez-vous avec Chiquita, une de mes principales enseignantes, était à 19 heures sur le canapé du salon, à condition que mes jambes soient allongées. L'histoire que m'a souvent racontée mon père illustre bien aussi cette habitude des rendez-vous de nos chats domestiques. Enfant, il vivait avec une chatte qui s'appelait « La Panthère » à cause de l'habitude taquine qu'elle avait de se tapir derrière la porte d'entrée et de sauter dans les jupes des femmes, ce qui les faisait crier et semblait l'amuser beaucoup. Quand mon père se couchait, La Panthère venait avec lui, elle s'allongeait, ronronnait et il pouvait la caresser. Soudain elle se relevait, posait son museau contre sa joue, comme un baiser de bonne nuit et partait. La fois où il a voulu la retenir, un coup de patte piquant lui a appris qu'il n'était question que de marques d'affection offertes mais non de contrainte.

Je suis sûr que vous êtes des centaines de milliers à pouvoir me raconter vos rendez-vous avec votre félin de cœur. Quand cela n'est pas le cas, quand la relation est compliquée, nous prescrivons alors une « thérapie de rendez-vous ». L'idée est de repérer les préférences du chat et de lui offrir la possibilité de venir à la rencontre de ses humains d'attachement en un lieu précis, à un moment précis.

Avec ce traitement complet, Isis est devenue une chatte apaisée, et Aline et Raymond y ont gagné, en plus de l'arrêt des morsures et des marquages, plus de câlins et une relation améliorée.

La place du chat dans la famille

Le cas Isis nous pose la question de la place que nous accordons à nos chats. Nous avons déjà vu qu'aujourd'hui les chats sont de très loin le premier animal de compagnie en France avec 15 millions de représentants. Nous avons évoqué que les raisons majeures de cet engouement sont à la fois positives – intérêt pour l'espèce et ses particularités, passion esthétique, correspondance aux valeurs de l'époque (respect du corps, « cocooning ») – mais aussi sources de risque : animal pris par défaut à la place d'un chien qui imposerait trop de contraintes, représentation faussée de l'espèce par les sites de vulgarisation, les livres profitant de l'attraction, tout cela entraînant un placage erroné des comportements sociaux des espèces canines et humaines sur une espèce qui, elle, n'est pas sociale. Les chats sont capables d'aimer un autre individu, savent, quand il le faut, s'adapter à une vie en groupe mais ne font jamais société.

L'époque est folle des chats mais, comme souvent, quand un animal devient iconique, il est parfois adulé pour de mauvaises raisons et, malgré toute la bonne volonté des propriétaires, parfois incompris et soumis à des conditions de vie qui ne sont pas optimales.

Pourtant, j'espère que cela devient plus clair au fur et à mesure de votre lecture, il n'est pas très compliqué de comprendre les chats si nous acceptons de nous décentrer de notre vision d'espèce hiérarchisée et sociale jusqu'au bout des ongles. Notre base commune avec les chats, c'est la possibilité d'attachement : il permet de nouer les relations qui donnent du sens et du goût à la vie. Nous avons sans doute en plus, enfouie mais toujours prête à ressurgir, notre double nature, nous aussi, de prédateur et de proie. Prédateur pas très doué sur le plan physique tant que nous n'avons pas inventé des armes pour nous aider mais, comme les chats, sachant compenser un gabarit faible et des défenses naturelles de mauvaise qualité par un développement cognitif très élaboré.

Ce que nous ne pouvons pas faire, ce que nous ne devons pas faire, c'est demander à nos chats domestiques de vivre et de se comporter comme des petits chiens.

Si nous prenons le temps de penser chat, et c'est tout le but de ce livre, les principes d'une collaboration harmonieuse se dessinent et nous avons tous, nos chats et nous, beaucoup à y gagner.

Se mettre à la place des chats, c'est par exemple ne pas les forcer à vivre en compagnie d'autres chats quand ils ne le souhaitent pas. Là aussi, il est possible de trouver toutes les situations : des chats qui vivent en colonies nombreuses et qui ont l'air de bien aller, des chats qui vivent seuls et qui ont l'air de mal le supporter. Je peux néanmoins affirmer que je suis beaucoup plus sollicité pour des chats qui ne supportent pas de vivre ensemble que pour des chats à qui le fait d'être le seul animal non humain de la maison pèse.

En moyenne, quand les Français ont des chats, ils en ont plus d'un (1,68 pour être précis). Comme les dixièmes de chat n'existent pas, cela signifie que, si vous interrogez cinq possesseurs de chats, ils auront en moyenne huit chats à eux cinq.

Les maisons avec plusieurs chats sont donc nombreuses, et cette vie en commun peut générer des troubles du comportement.

Les « drôles de dames », Charlie avec Chérie et Kiss

Béatrice vit dans un très bel appartement parisien de plus de 130 mètres carrés. Elle me contacte avec comme motif des agressions entre les deux chattes de la maison, Chérie et Kiss : des agressions sans blessure (même si parfois du poil vole) mais très bruyantes. En revanche, il n'y a jamais de bagarre entre Charlie, le troisième chat de la maison, et une des chattes.

Si Béatrice n'envisage pas de pouvoir emmener ses trois félins en consultation (elle raconte une dernière visite chez le vétérinaire assez épique avec Kiss), elle demande s'il y a la possibilité de faire une téléconsultation.

Le cadre juridique est pour nous, vétérinaires, assez strict et se veut protecteur pour les animaux. Pas de première consultation en visio : l'examen physique est à juste titre considéré comme primordial ! Il existe toutefois une possibilité : si tous les chats ont été vus depuis moins d'un mois par le vétérinaire traitant, alors celui-ci peut en attester et faire une demande d'assistance au vétérinaire spécialiste qui peut alors intervenir en téléconsultation en toute légalité. C'est dans ce cadre-là que nous organisons cette visite. Comme dans le cas de Choupette (p. 60), je peux, sans effrayer aucun des chats, faire une visite virtuelle de l'appartement, guidé par Béatrice qui me présente d'abord Charlie, un grand chat roux qui est couché en sphinx dans un fauteuil. Puis nous voyons passer une boule de poils de couleur claire qui file se cacher sous un meuble.

« Ah, voilà Chérie qui vient de passer ! Si elle s'est réfugiée sous le meuble, c'est que Kiss n'est pas loin. »

Quelques secondes après, nous voyons arriver une chatte européenne qui marche lentement, la tête orientée vers l'endroit où la jeune chatte a disparu.

Nous avons donc vu maintenant les trois protagonistes.

Chérie est une petite chatte ragdoll de 5 mois. Nous avons déjà parlé au sujet de Tabatha de cette race qui a le vent en poupe. Ces chats ont un poil très doux et un pelage ressemblant à celui du sacré de Birmanie, avec un patron siamois (le corps clair et un masque foncé) agrémenté de jolis gants blancs.

Comme Tabatha, Chérie a été choisie pour cette fameuse réputation d'extrême gentillesse, pour ne pas dire passivité, et nous le redisons : si les ragdolls sont des chats réputés être manipulables comme des poupées, aucun chat ne devrait être transporté ou manipulé sans ménagement ; l'absence de réaction agressive ne veut pas dire bien-être, et l'inhibition est trop souvent la réaction féline qui masque leur mal-être. Leur souffrance muette est trop peu démonstrative, et les humains vivant avec eux passent à côté de ces symptômes silencieux. C'est sans doute ce qui explique en grande partie le déficit majeur de chats dans nos consultations de médecine du comportement.

La difficulté à vivre ensemble

Le rôle du vétérinaire est majeur pour changer la situation : il peut expliquer au cours des consultations de santé que tout changement de comportement dans le sens d'une réduction de l'activité peut être le signe d'une souffrance comportementale et qu'il ne peut être ignoré. Chats se léchant au point de perdre tout leur pelage sur le ventre ou chats boulimiques dont l'obésité rebelle aux régimes révèle l'état d'anxiété permanente, sont les représentants de ces états d'inhibition pathologique qui demandent de la subtilité à la fois au propriétaire et au vétérinaire pour les dépister et les prendre en charge.

Par bonheur, ce n'est pas le cas de Chérie qui échappe au diktat de la race pour se révéler être une petite chatte très active. En fait, si elle est assez douce avec Béatrice, elle est assez intrusive avec les autres chats. Elle accepte d'être portée par Béatrice mais elle se débat au bout de quelques secondes et préfère retourner à ses activités, lesquelles consistent la plupart du temps à se cacher et à sauter sur les autres chats de la maison.

Si Charlie accepte bien volontiers les jeux parfois rugueux du chaton, ce n'est pas du tout le cas de Kiss, 14 ans, qui a plusieurs fois mal réagi aux « attaques » intempestives de la jeune femelle et qui s'est défendue en soufflant et en crachant. La réaction agressive n'a pas arrêté Chérie qui est revenue à la charge. Kiss semble alors l'avoir repérée et avoir décidé de la chasser de sa vue et, si possible, du territoire. En appartement, pour le coup, voilà qui est compliqué et Béatrice commence à s'inquiéter :

« Vous comprenez, docteur, cela est déjà arrivé ! il y a quelques années, je souhaitais adopter un autre chat et par prudence j'avais demandé à pouvoir faire un essai pour savoir si Kiss allait l'accepter, mais la malheureuse Gwen n'a pas tenu huit jours ! Kiss l'a poursuivie, l'a mordue, l'a blessée et j'ai bien été obligée de la rendre.

– Oui ! Pour certains chats, partager leur territoire est tout sauf évident. De cela, il ne faut surtout pas faire une généralité. Regardez votre Charlie, il semble accepter tout le monde. Nous dirons que c'est un chat très sociable. Kiss, elle, a du mal à organiser son territoire si un autre chat l'envahit et pose aussi des marques. Si, en plus, le jeune chat présente un déficit d'autocontrôles et ne respecte pas les demandes de distanciation faites par la chatte résidente, les chances d'une cohabitation harmonieuse sont minimes. »

Combien de fois aurai-je répété cela dans ma vie, tentant d'expliquer que le comportement des chats est différent de celui des espèces sociales : autant ils peuvent nouer des relations très fortes avec un autre individu, plutôt d'une autre espèce, autant avec un autre chat rien n'est acquis d'avance, et cela demande de remplir des conditions qui, souvent, ne sont pas comprises.

Ces échecs de cohabitation créent de la déception chez des personnes qui, en toute bonne foi, ont voulu faire plaisir à leur chat en lui offrant de la compagnie. Ainsi, dans une émission de radio, une auditrice racontait qu'elle avait laissé sa chatte avoir une portée et qu'elle avait gardé un chaton pour qu'elle soit moins seule. Après les quatre à cinq premiers mois qui s'étaient plutôt bien passés, les relations s'étaient dégradées, et la mère ne supportait plus son fils, lui soufflant dessus, l'attaquant, refusant de jouer avec lui et commençant à montrer des signes d'anxiété. Il est facile de comprendre la désillusion de la propriétaire et son incompréhension de ce qui lui semble être un déni d'amour maternel. Nous n'avons pas de certitude là-dessus, mais, si nous sommes à peu près sûrs que les mères reconnaissent leur chaton et ont avec eux un comportement très particulier dans les premières semaines[12], il paraît évident que, après plusieurs mois, la relation maternelle s'estompe pour disparaître. Le fils ou la fille devient un autre chat adulte qui peut être considéré autant comme un intrus que n'importe quel autre chat. Incompréhensible pour nous, normal dans un monde de chats… Comme dans le cas de Chérie et de Kiss, en plus le jeune chat n'arrêtait pas de solliciter sa mère qui repoussait ses demandes. La confrontation entre un individu qui souffre d'un déficit d'autocontrôles et un autre à tendance anxieuse crée les conditions d'un mal-être pour les deux, mal-être que le lien familial n'apaise pas.

Revenons dans notre bel appartement parisien…

Kiss est une chatte européenne : elle est arrivée dans l'appartement après Charlie qui l'a accueillie avec beaucoup de gentillesse. Ils ont réparti leur territoire. Nous avons déjà souligné l'importance des champs d'isolement, territoire de sécurité pour le chat, et que les autres êtres vivants doivent respecter. Charlie avait choisi un fauteuil, et Kiss n'a jamais voulu occuper cet espace-là. Elle avait élu l'arbre à chat et le canapé, et, de la même façon, Charlie ne le lui a jamais contesté. Quand Béatrice allait se coucher, dans la nuit, elle était souvent rejointe par Kiss qui se lovait contre elle, satisfaisant ainsi son besoin de contact sans être touchée. Comme Béatrice nous l'a raconté, Kiss a déjà refusé de partager son lieu de vie avec un autre chat : l'expérience n'a duré que quelques jours, s'est très mal passée, mais Béatrice a pensé qu'elle avait commis une erreur en essayant d'introduire un chat adulte. Persuadée qu'un chaton bénéficierait d'une immunité diplomatique, et tombée « amoureuse » de ce petit chaton ragdoll si doux et si drôle, elle a tenté de nouveau l'expérience.

« Au début, j'ai cru que c'était gagné. Je voyais bien qu'elle ne l'aimait pas, je sais qu'elle n'aime pas les autres chats, mais elle l'évitait soigneusement, elle passait beaucoup de temps en hauteur sur l'arbre à chat. Chérie ne pouvait pas la rejoindre.

– Comment cela se passait-il avec Charlie ? Il jouait avec le petit ?

– Charlie, c'est un ange. Alors que je voyais bien que Chérie y allait trop fort, il a été super. Il jouait un peu, ne l'agressait pas, parfois essayait de la tenir entre ses pattes quand elle était trop agitée. Du coup, j'intervenais et j'enfermais Chérie dans une autre pièce.

– Comment cela a-t-il dégénéré ?

– Un jour, Chérie a sauté sur Kiss qui sortait de la chambre. Cela ressemblait à un jeu vigoureux, mais Kiss a très mal réagi. Elle a soufflé, poursuivi le chaton, lui a donné un coup de patte. Si je n'avais pas été là, je crois qu'elle aurait pu le blesser.

– Et Chérie, comment l'a-t-elle pris ?

– J'ai l'impression qu'elle n'a rien compris ; cinq minutes après, elle était prête à recommencer et surtout elle s'est mise à suivre Kiss partout, à vouloir dormir pas loin d'elle. Plus Charlie semblait vouloir en faire un modèle, moins Kiss la tolérait.

– Et c'est devenu de pire en pire ?

– Oui ! Je les ai séparées quand j'ai compris qu'elle pourrait la blesser et depuis c'est l'enfer ; alors qu'il y a assez de place pour trois chats dans cet appartement, je dois faire attention à fermer les portes, et il y a toujours un moment où je commets une erreur, et Kiss essaie d'agresser Chérie. »

Des relations bien différentes

Ce cas est révélateur et classique dans son évolution. Une fois de plus, nous faisons un contresens d'espèce quand nous pensons qu'un adulte, et encore plus une femelle, va être plus tolérant avec un bébé qu'avec un adulte. Si cela est vrai, par essence, avec ses propres chatons, il n'y a pas généralisation aux autres petits. La tolérance à l'impubère octroie une immunité importante aux petits. Elle est bien connue chez les espèces sociales dont nous faisons partie avec les chiens et les loups mais n'existe pas chez les félins non sociaux. Les chattes, nous l'avons déjà vérifié[13], sont capables d'ajouter un chaton à leur portée surtout si elles ont déjà l'expérience de la maternité. En milieu sauvage, des groupes de femelles peuvent exister et partager les soins aux chatons[14], mais cela ne dit rien de l'acceptation d'un autre individu en dehors de ces moments-là.

C'est assez traumatisant pour des clients qui craignent pour la vie du chaton quand ils voient les attaques dont sont capables leurs adultes peu sociables. Les chats ne sont pas des chiens, ils n'ont pas de structure basée sur l'acceptation de l'autre. Notre travail de compréhension et de représentation de leur monde nous demande plus d'efforts, mais ce travail d'empathie nous permet aussi de trouver des solutions en respectant leur fonctionnement. C'est ainsi que je peux expliquer à Béatrice qu'il n'y a pas de folie chez Kiss et que, si ses attaques révèlent bien que la relation avec Chérie est difficile, nous sommes peut-être encore dans le cadre du normal.

Pour le savoir, pas d'alternative : il faut faire le tour de tous les comportements et, dans un cas comme celui-ci, non pas d'un animal mais de trois, sans oublier les interactions de chacun avec les autres chats et avec les protagonistes humains. Cette étape sémiologique surprend souvent le client qui pense que nous allons ne nous occuper que du comportement problématique. Si nous l'abordons au début pour donner une direction, nous le délaissons ensuite pour nous occuper de tous les autres compartiments du répertoire comportemental. Plus le tableau dressé est complet, plus grandes sont nos chances de repérer l'état pathologique de l'animal, quels sont les neurotransmetteurs les plus impliqués, quel est le degré de désorganisation du comportement de référence pour aboutir à un diagnostic, à un pronostic et à un traitement.

Territoire à partager, cohabitation compliquée

Dans le cas des « Charlie's Angels », le diagnostic ne pose pas de grand problème. La souffrance provient de la relation (schézipathie) entre deux chats (intraspécifique) et elle est reliée à la répartition du territoire (biotopathie). Nous nommons cela aujourd'hui une biotoschézipathie intraspécifique. Nous parlions avant d'anxiété de cohabitation, et, si l'idée de trouble liée à la cohabitation est la bonne, les deux chats ne sont pas toujours en état anxieux. Toute la gamme des états psychopathologiques peut être retrouvée : de l'état normal, réactionnel, aux états phobiques, anxieux dans ses deux formes (productive ou inhibé) ou dépressif. Ce diagnostic systémique n'est pas la fin du travail du praticien, il doit établir aussi le diagnostic de chaque animal. Si Charlie ne présente aucun trouble – être trop gentil n'est pas anormal –, il n'est pas évident que ce soit le cas pour Kiss et Chérie.

Comme souvent, la distinction entre normal et pathologique pose la question de la limite. Après avoir fait le tour des comportements, nous pouvons affirmer que Chérie a besoin d'améliorer ses autocontrôles mais que nous ne pouvons pas la diagnostiquer comme souffrant d'un syndrome d'hypersensibilité-hyperactivité. Il en est de même pour Kiss, son équilibre est fragile et elle a sans doute souffert d'un développement peu stimulant, toutefois elle se situe dans la vaste catégorie du « encore normal ». Si nous pouvons l'affirmer, c'est par exemple parce que les caractéristiques du sommeil ne nous indiquent ni anxiété ni dépression. Tout le monde dort et rêve, mais Kiss est obligée de « faire le ménage » sur le lit, selon l'expression de Béatrice. La chatte âgée est obligée de chasser Chérie *manu militari* tous les soirs. Tout le monde joue encore. Les trois chats ont un appétit correct et régulé. Il n'y a ni marquage urinaire ni excès de griffades. Les trois chats déposent leurs marques faciales sur les objets inanimés et sur Béatrice.

Aimer n'est pas toujours toucher

Kiss n'a jamais supporté d'être touchée longtemps : si Béatrice veut la transporter, sa chatte peut se débattre et la griffer. Même quand Kiss vient à son contact de sa propre initiative, après une ou deux caresses, elle peut souffler et s'en aller ou lever un antérieur et menacer. J'avais eu l'occasion d'expliquer ce symptôme de chat caressé mordeur qui pose souvent question aux humains dans l'émission *Le Monde de Jamy*[15]. C'est l'habituation au contact déjà dans le ventre de la mère par des caresses douces qui permet au chat de supporter et d'apprécier nos caresses. Tous les chatons qui se sont développés sans cet apprentissage précoce du contact (le sens tactile est efficace au moins quinze jours avant la naissance chez le chaton) ont des aptitudes très variables à tolérer le contact cutané dont nous pensons qu'il peut leur être désagréable, presque douloureux. Ce symptôme de chat caressé mordeur est toujours l'occasion d'une grande incompréhension de la part des humains, persuadés que leur chat est fourbe ou versatile : il griffe ou mord alors qu'il semble avoir demandé le contact. Nous devons encore et encore expliquer que pour un chat être attaché ne signifie pas aimer être touché. Venir se coucher à côté de vous est déjà un signe majeur que vous êtes apaisant et que vous lui offrez une base de sécurité. Kiss présente cette intolérance au contact qui est une signature de développement sans contact précoce mais pas la preuve d'un état anxieux.

C'est bien sûr la rencontre entre cette prédisposition anxieuse et ce déficit d'autocontrôles qui favorise l'émergence de la situation conflictuelle, mais, quand la sémiologie nous dit que personne n'est malade, alors nous savons que le pronostic est bon.

Recréer un milieu de vie harmonieux

Nous construisons alors une thérapie et, comme presque toujours chez le chat, c'est d'abord une thérapie écologique. Nous devons rétablir l'harmonie du biotope en repérant et en faisant respecter les différents champs évoqués au chapitre 2 pour chaque chat. Soulignons l'importance du champ d'isolement, surtout pour le chat à tendance anxieuse qui, moins qu'un autre, souhaite le partager.

Des moyens plus ou moins sophistiqués existent. Quand nous le pouvons, que les animaux sont identifiés par puce électronique et que les propriétaires peuvent supporter le coût (environ 200 euros) de ce matériel, nous préconisons l'utilisation de chatières intelligentes qui ne s'ouvrent que pour le chat qui rejoint son aire de sécurité et qui, très vite, va se rendre compte qu'il n'est plus dérangé.

Nous utilisons, comme pour Lucifer (p. 39), un stimulus disruptif, pistolet à eau, bombe de nettoyage pour clavier à air comprimé, pour interrompre sans punir les attaques de Kiss sur Chérie. La disruption n'est pas une punition. Elle laisse le temps au chaton de se réfugier ailleurs, et il est possible de proposer au poursuivant de rediriger son action vers un jeu même si cela n'est pas toujours facile.

Restructuration écologique donc, interruption et redirection des comportements agressifs, arrêt des punitions, voilà comment la plupart de nos thérapies félines se construisent.

Chérie et Kiss, nous l'avons vu, n'ont pas un état pathologique défini mais elles ont des tendances, hyperactive pour Chérie, anxieuse pour Kiss. Dans notre prise en charge, nous allons alors utiliser des nutraceutiques différents pour les deux.

Pour Chérie, une protéine de lait, l'alpha-lactalbumine, riche en tryptophane. C'est un précurseur de la sérotonine, neurotransmetteur cérébral qui agit sur le contrôle. Pour Kiss, une autre protéine issue du lait, l'alpha-casozépine, analogue structurel du GABA, neurotransmetteur majeur dans le contrôle des états anxieux. Si cela n'avait pas été tenté avant, nous aurions ajouté un diffuseur de phéromones, mais, comme Béatrice en mettait depuis plusieurs semaines sans succès, nous n'avons pas insisté.

Après six semaines, l'amélioration est importante et elle est venue assez vite pour que Béatrice n'ait pas eu à acheter la chatière connectée. Ayant compris le principe, elle a juste sanctuarisé sa chambre, à laquelle seule Kiss a accès. La façon dont celle-ci y dort maintenant, sur le dos, détendue, vient confirmer qu'elle s'y sent en parfaite sécurité.

Il y a encore quelques courses-poursuites et, pour finir d'améliorer la situation, nous ajoutons pour les deux animaux une goutte matin et soir d'huile de chanvre à mettre dans la bouche, dans le pli gingivo-labial. Autorisée depuis peu, cette supplémentation apporte détente et, dans certains cas, augmente les autocontrôles.

Les nouvelles sont bonnes depuis, et les agressions ont disparu. Béatrice a remarqué que, si la situation s'est améliorée et qu'il n'y a plus de danger, elle n'est pas sûre que Kiss, âgée, et qu'elle veut protéger avant tout, soit heureuse tant qu'il y a un intrus chez elle. La question de garder Chérie se pose mais elle a compris le fonctionnement de ses petits félins et elle a le temps d'y réfléchir sans urgence.

Faire vivre les chats ensemble, faire vivre les chats avec d'autres êtres vivants n'est jamais une partie jouée d'avance.

Capables de nouer des liens d'une grande intensité, ils sont aussi capables de souffrir avec la même force des relations imposées. À partir du moment où nous le comprenons, nous pouvons expliquer à nos clients qu'en matière de relations chez le chat tout est possible mais que rien n'est obligatoire. Quand cela le devient, le risque que cela devienne négatif pour le chat augmente.

Si Isis témoigne que vivre ensemble n'est pas toujours facile quand, à chaque instant, nous risquons de faire des contresens d'espèce, les « drôles de dames » montrent, elles, que, même à l'intérieur d'une espèce, la superposition des lieux de vie, la cohabitation imposée peuvent conduire à des situations de tension.

Par bonheur, la plupart du temps, nous pouvons comprendre et résoudre les conflits en associant des efforts d'empathie pour humains et félins, les modifications écologiques qui s'imposent, les thérapies idoines et une prise en charge thérapeutique adaptée.

CHAPITRE 4

Vol au-dessus d'un nid de chats fous

« Tous les chats sont mortels. Socrate est mortel, donc Socrate est un chat. »

Eugène IONESCO

Le moment est venu de poser une question cruciale : les chats peuvent-ils être « fous » ?

Nous avons déjà exploré plusieurs pans de la pathologie comportementale des chats : les relations, le lieu de vie, leur nature même de proie les exposent à beaucoup de souffrances qui demandent notre intervention pour rétablir leur équilibre émotionnel. Tout cela reste dans le cadre de ce qui aurait été appelé il y a quelques années des névroses avant que ce terme ne soit effacé des classifications. Ce terme pouvait regrouper tous les états pathologiques liés à la difficulté de vivre et de s'adapter en fonction à la fois de la personnalité de chaque animal et de son environnement. Nous parlons ici des états phobiques, anxieux, dépressifs qui correspondent à la grande majorité de nos consultations, surtout si nous ajoutons l'état de déficit des autocontrôles retrouvé par exemple dans le syndrome hypersensibilité-hyperactivité ou dans l'aschézie. Tous ces chats ont les quatre pattes dans la réalité même si parfois leur monde n'est pas le nôtre et nous demande un effort d'imagination et de décentrage.

Nous parlons de la possibilité pour nos félins domestiques de souffrir de psychose. Ce terme couvre tous les états dans lesquels une déconnexion avec la réalité peut être mise en évidence, et c'est dans ces cas-là que nous pouvons parler de « chat fou ».

Le terme de folie est générateur de nombreuses controverses et nous ne l'employons qu'avec des guillemets pour annoncer une certaine circonspection même si cela parle à tout le monde.

Psychopathologie féline

Dans son ouvrage *Folies animales*[1], Michel Kreutzer, professeur émérite d'éthologie, rejoint ce que nous défendons depuis 1999, l'année de la fondation de l'association ZooPsy. Il affirme à la fois dans son livre et dans certains entretiens que, à partir du moment où l'on prête un psychisme aux autres animaux, en tout cas à certains d'entre eux, l'idée de psychopathologie devient évidente. Il reprend en disant cela les termes de la célèbre introduction d'Henri Ey[2] (qu'il cite) qui définissait, je crois pour la première fois, le terme de zoopsychiatrie. En même temps, il affirme qu'il faut se garder de transposer d'une espèce à l'autre et qu'il y a sans doute une psychiatrie à inventer pour chaque espèce. L'approche est intéressante mais ne me paraît vraie qu'à moitié : notre zoopsychiatrie est la fille naturelle de l'éthologie et donc de la connaissance des répertoires comportementaux de chaque espèce dans toute leur richesse et leur différence, et des processus psychopathologiques qui, eux, sont communs mais dont l'importance varie en fonction de l'éthogramme (l'ensemble des comportements connus d'une espèce).

Par exemple, nous l'avons déjà dit, chez toutes les espèces proies, la sensibilisation est un phénomène à la fois utile et naturel mais très handicapant quand il perd son côté adaptatif pour plonger l'animal dans des terreurs démesurées.

La combinaison des deux, répertoire normal et processus pathologiques, construit alors une zoopsychiatrie différente pour chaque espèce mais qui a de nombreux points communs et qui offre au praticien des chemins d'accès à la représentation des maladies mentales pour une espèce donnée.

La révolution sémantique conduite il y a quelques années autour des noms de maladies du chat et que j'ai abordée dans les chapitres précédents (biotopathies, schézipathies, etc.) a par exemple été très féconde quand nous nous sommes intéressés à d'autres espèces comme le cheval ou le lapin. Si ce travail est encore en cours, les premières approches de nos étudiants dans leurs mémoires de fin d'étude ont tracé la voie à une harmonisation de la nosographie psychiatrique vétérinaire dans toutes les espèces dont nous nous occupons.

Nous pouvons alors tracer une ligne entre tous ces troubles liés à la difficulté de la vie et ceux caractérisés par une perte de contact, plus ou moins importante, avec la réalité.

Cela ne répond toujours pas à notre question : nos chats peuvent-ils être fous ?

Il est vraiment impressionnant de voir à quel point, pour beaucoup de philosophes, de biologistes, d'éthologues, cette notion de folie paraît insupportable, comme s'il fallait réserver au moins cela à l'être humain, le seul à pouvoir souffrir de maladie mentale : même en négatif, il lui faut se placer en dehors du règne animal.

Nous postulons le contraire : nous disons que chaque espèce animale, dans sa représentation du monde, et chaque sujet de cette espèce dans sa représentation de soi au monde peut connaître des états pathologiques dans lesquels la connexion avec la réalité est altérée ou perdue. Nous appelons cela des états de déréalisation qui peuvent exister dans diverses maladies mentales et nous pouvons appeler cela folie. Pour nous, folie est donc synonyme d'affection sévère impliquant une perte de contact avec la réalité.

Folie, pas comportement choquant

Nous n'intégrons pas dans le terme « folie » ce que certains appellent des folies animales, qui n'ont rien à voir avec la perte de contact avec la réalité d'un individu appartenant à une espèce donnée et vivant dans un environnement précis. Les infanticides perpétrés par les dauphins, les singes ou les lions n'ont rien à voir avec de la folie même si cela nous choque parce que nous avons oublié que c'était une pratique assez commune chez les rois et à peu près dans toutes les civilisations de tuer les enfants de rivaux pouvant prétendre à une succession. Les infanticides dans ces espèces posent davantage la question de la reconnaissance des petits qui peuvent être les leurs et de la stratégie des femelles pour semer le trouble dans l'esprit des mâles et ainsi protéger leur progéniture. Rien dans ces adaptations parfois subtiles, parfois violentes mais toujours compréhensibles et pertinentes n'évoque la perte de contact avec la réalité, bien au contraire, cela ébrèche une fois de plus le plafond de verre que certains voudraient à tout prix construire entre l'homme et les autres animaux en montrant qu'ils peuvent aussi avoir des stratégies pour bâtir des dynasties. Aujourd'hui l'hypothèse d'une participation des mères à ces infanticides est même avancée, montrant toute la complexité des cerveaux animaux. Ce comportement qui nous paraît étrange et incompréhensible n'est pas réservé à l'espèce humaine même si, à ma connaissance, aucune lionne, ou aucune mère dauphin ou chimpanzé, n'a ordonné de crever les yeux de son fils et l'a laissé mourir de ses blessures comme le fit jadis Irène, mère de Constantin, pour prendre sa place sur le trône de Byzance.

Non, nous ne confondons pas ce qui peut nous sembler déraisonnable, mais qui s'explique à l'aune d'une autre logique, avec la folie qui fait souffrir et sépare de la réalité commune d'une espèce.

Témoignages animaux

Comme toujours, je vais inviter des témoins, des chats qui vont nous raconter eux-mêmes comment leur perception de la réalité, très altérée, peut les conduire à des troubles psychiques majeurs. Ces chats sont fous, et c'est ma mission – et parfois mon désespoir – d'arriver à les soigner. Bien sûr, chez l'être humain la dimension de la parole ajoute encore à la sensation d'étrangeté mais, quand nous nous projetons dans l'univers de nos félins domestiques, nous pouvons avoir la même impression de souffrance provoquée par l'impossibilité de comprendre ce qui se passe en soi, autour de soi ou de communiquer avec les partenaires habituels.

Je crois que ma pratique m'autorise à le dire : les chats peuvent être « fous », comme les chiens, comme les perroquets mais aussi comme certains animaux sauvages. J'ai eu l'occasion, dans mon livre sur l'attachement et ses dérives possibles, de parler de Kamuniak, cette lionne qui a défrayé la chronique en protégeant un bébé oryx à Noël 2001 et qui avait ému le monde entier. Son comportement, d'abord admiré (les populations locales l'avaient surnommée « la Bénie »), avait ensuite inquiété quand elle s'était mise à voler d'autres bébés oryx, et sa passion semblait être devenue folie[3].

J'ai eu l'occasion de prendre aussi l'exemple de Tilikum, cette orque mâle responsable de trois accidents mortels sur les quatre qui ont eu lieu en quarante ans dans les parcs aquatiques. Un célèbre court-métrage[4] en a fait le symbole de la maltraitance imposée à cette espèce dans les grands parcs aquatiques. Il ne s'agit pas pour moi de défendre ce genre de lieux, loin de là, mais j'en appelle au raisonnement scientifique : si les conditions de vie étaient seules responsables de cela, alors il y aurait beaucoup plus de Tilikum et beaucoup plus d'accidents.

De très grandes capacités cognitives semblent être la marque de cet épaulard, repérées par la soigneuse, Dawn Brancheau, experte dans le dressage des cétacés, et qui sera sa dernière victime. Elle reconnaissait à Tilikum des capacités exceptionnelles très au-dessus de la moyenne des orques qu'elle avait pu fréquenter. Mais par moments il pouvait littéralement devenir « fou » avec une variation brutale d'humeur et une dangerosité sans limite. Le jour de l'accident, elle avait prévenu que Tilikum était dans un mauvais jour. Nous reconnaissons là des éléments convaincants du trouble bipolaire que nous avons évoqué chez le chat avec Nougatine. Celle-ci présentait une forme qui pour être sévère n'était pas extrême et elle restait connectée avec la réalité : il semble que Tilikum au moins par trois fois ait souffert de crises qui lui ont fait perdre tout repère et qui l'ont conduit à tuer. Je ne nie pas que le contexte ait pu l'aggraver : il me semble que, comme dans ma pratique quotidienne, l'émergence de la pathologie psychiatrique signe toujours la rencontre d'une vulnérabilité individuelle et d'un environnement défavorable, dans une proportion variable. Certaines affections s'expriment presque toujours, quelles que soient les conditions, d'autres sont en revanche très sensibles à la qualité du contexte, mais il y a toujours une participation croisée.

La dysthymie bipolaire que nous avons décrite chez Nougatine est à la limite des états de déréalisation. Dans les cas peu graves, il y a juste un excès de réaction ou au contraire une perte de réactivité mais en connexion avec la réalité. Cela peut même être normal, comme c'est le cas pour nous, êtres humains. Certains sont d'une humeur assez constante mais beaucoup connaissent des variations spontanées de faible amplitude de cette humeur. Quand cela devient un peu plus marqué, le mot de cyclothymie viendra désigner cet état où les phases productives, joyeuses, parfois à la limite de l'hyperactivité alternent avec des moments plus sombres, imprégnés de tristesse sans raison ou d'anhédonie (c'est-à-dire une incapacité à ressentir des émotions positives).

Quand à la fois les phases en hyperactivité mais aussi celles en hypoactivité dépassent le seuil du normal, nous parlons en médecine vétérinaire de dysthymie bipolaire, et cela peut être comparé au trouble bipolaire humain.

Les épisodes productifs les plus marqués (avec une agitation violente et des attaques pouvant être très impressionnantes) nous amènent parfois à classer ces cas extrêmes dans les maladies psychiatriques sévères avec état de déréalisation.

Tilikum en est un témoin, j'en suis convaincu, et son exemple milite autant pour la nécessaire évolution des conditions de captivité (jusqu'à leur disparition) que pour le respect dû à l'intelligence de cet individu qui alliait génie et folie.

Lisbeth, panthère sur ordonnance

Annie vivait avec Lisbeth, jolie chatte tricolore, avant de connaître son compagnon Luc. Quand Luc est venu vivre avec Annie, il a fallu plusieurs mois pour que Lisbeth l'accepte. Coups de patte, coups de griffes et feulements inamicaux ont duré presque un an pour enfin s'espacer et laisser place à une cohabitation harmonieuse. Luc et Lisbeth pouvaient même partager des moments de câlin dans le salon, le soir au moment du journal télévisé.

Un jour, Lisbeth a eu mal à la bouche. Annie l'a emmenée chez le vétérinaire qui, comme c'est souvent le cas, a utilisé des corticoïdes pour l'apaiser. Le résultat est en principe rapide et spectaculaire. Mais là, soudain, alors que la douleur semblait calmée, l'humeur s'est dégradée, et Lisbeth est devenue menaçante. Le soir venu, quand Luc, après avoir regardé la télé un peu plus tard, a voulu rejoindre Annie dans la chambre, elle l'a prévenu que cela ne lui paraissait pas une bonne idée, la chatte déambulant devant la porte en crachant et en soufflant. Fort de leurs années de vie commune et sans doute victime de ce sentiment masculin d'avoir peur de montrer de la faiblesse, Luc a franchi le seuil de la chambre. Lisbeth s'est jetée sur lui, l'a griffé et mordu au point qu'il a dû être évacué aux urgences. Rappelons-le, il y a plus de passages à l'hôpital liés à des attaques de chats qu'à des attaques de chiens même si cela ne déclenche pas la même médiatisation. Certains confrères, pompiers par conviction en plus de leur travail libéral, racontent ces interventions d'urgence, alertés par des propriétaires terrorisés réfugiés dans les toilettes ou sur un balcon et décrivant des chats devenus « fous » voulant les attaquer et représentant un danger réel.

Humeur sous influence

Les corticoïdes, nous le savons, outre leurs propriétés anti-inflammatoires, ont une action sur l'humeur et dérèglent volontiers par rétroaction l'axe hypothalamo-hypophysaire. Ce lien entre cet axe, l'administration de corticoïdes et le déclenchement des psychoses est connu et a fait l'objet de nombreuses publications en médecine humaine[5]. Dans notre psychiatrie vétérinaire, qui a parfois du mal à exister et qui manque encore d'un soutien universitaire pour mener ce genre d'études, nous n'en sommes pas là, mais, si nous savons qu'il faut se garder de transposer sans précaution, rien n'empêche de suspecter le même type de mécanisme dans ces sautes d'humeur soudaines et violentes.

Dans notre réalité clinique, des cas comme Lisbeth, s'ils ne sont pas fréquents, sont assez courants pour nous forcer à la réflexion. Les médicaments qui ont une action plus ou moins directe sur l'équilibre de l'axe hypothalamo-hypophysaire (comme les corticoïdes déjà cités, certains progestatifs – acétate de mégestrol), certains antiémétiques centraux (métoclopramide) peuvent induire, de façon rare, certes, mais spectaculaire, l'équivalent de ce qui pourrait être une « bouffée délirante » avec une perte de contact avec la réalité et, dans le cas de nos carnivores félins armés de dents et de griffes, d'une augmentation soudaine et imprévisible de leur dangerosité.

Nous avons une preuve indirecte de l'implication de l'axe hypopthalamo-hypophysaire par l'effet thérapeutique antagoniste de ces épisodes en utilisant un produit dopaminergique dont nous savons qu'il agit au niveau de l'hypothalamus et peut rétablir un certain équilibre.

Encore faut-il arriver à administrer le produit à un chat hors de contrôle et qui peut être très dangereux. De façon assez étonnante, il reste souvent une personne, l'être d'attachement principal, qui est épargnée pendant la crise. C'était le cas pour Lisbeth. Annie restait protégée, elle ne pouvait pas tout faire bien sûr mais pouvait se risquer à donner le médicament sans être déchiquetée dans l'instant. Ces cas sont très impressionnants, et je suis toujours admiratif du courage des propriétaires qui décident de soigner leur chat dans ces conditions. Nous avons parlé de Nougatine et de la famille de Catherine en rappelant que l'atteinte n'était pas aussi sévère, mais il a fallu tout de même de la persévérance et de l'audace. Ici le pronostic est bien meilleur, la crise est iatrogène : c'est-à-dire que les symptômes sont reliés à l'administration d'un médicament. Quand son effet sera passé, nous pouvons espérer que la situation redeviendra normale. Pouvoir en plus donner la molécule adéquate va raccourcir l'épisode, d'un mois ou plus à quinze jours au maximum. Ce fut le cas pour Lisbeth : elle a été confinée dans la cuisine, et Annie a pu lui donner le comprimé, ce qui est un véritable exploit. Pendant quinze jours, quand la silhouette de Luc passait derrière la porte vitrée martelée de la cuisine, Lisbeth feulait et attaquait toutes griffes dehors l'ombre projetée sur la porte.

Effets secondaires à connaître

Il faut un attachement de qualité et une volonté inébranlable de garder son chat pour accepter cette situation dangereuse : parfois nous suggérons au confrère qui a donné le traitement d'hospitaliser le chat pendant quelques jours ou quelques semaines, le temps que son humeur puisse redevenir normale. Aujourd'hui la plupart des vétérinaires savent que cela peut arriver, mais cet effet secondaire très indésirable est assez rare pour que parfois ils puissent oublier de le signaler aux propriétaires du chat. Le connaître ne permet pas de prévenir l'épisode (nous ne mesurons ni la taille de l'hypophyse ni l'impact des stéroïdes sur l'hippocampe) mais permet de réagir tout de suite en disant : « C'est exceptionnel mais cela peut arriver. Mettez-vous en sécurité. Faites entrer si vous le pouvez votre chat dans sa cage de transport et amenez-le à la clinique : nous nous en occuperons ! »

C'est la seule façon de protéger à la fois les propriétaires et surtout le chat, pour qui souvent, sinon, la seule issue est l'euthanasie tant la vision de l'animal transformé détruit la confiance de ceux qui vivent avec lui.

Lisbeth avait la chance de vivre avec Annie qui n'envisageait pas de se séparer d'elle, surtout après avoir compris que sa transformation en panthère dévoreuse de Luc était transitoire. Elle a tenu bon, l'a traitée, a protégé à la fois son compagnon et son chat. Trois semaines après, l'harmonie était revenue dans la famille. Lisbeth et Luc ont repris leurs rendez-vous devant le journal télévisé, même si une appréhension fort compréhensible persistait du côté de Luc, Lisbeth, elle, ne semblant pas se souvenir que, pendant quelques jours et par l'étrange effet d'un médicament, elle était devenue panthère sur ordonnance.

Il reste au vétérinaire à bien noter sur la fiche de son patient qu'il est vulnérable à une bascule de l'humeur, à un épisode dysthymique suite à l'utilisation de certains produits qui deviennent interdits pour cet animal.

La folie peut donc être induite par un médicament, ce qui nous rappelle qu'il n'y a pas une santé mentale et une santé organique mais bien un seul équilibre général où tout est lié. Certains nous diront que cette folie provoquée n'est pas une vraie maladie « autonome » oubliant par là même tout le cortège des maladies déclenchées par d'autres traitements. Personne n'irait dire à un malade d'une infection nosocomiale que ce n'est pas une vraie maladie quand sa gravité et son pronostic parfois fatal inquiètent aujourd'hui tout le corps médical. Rassurez-vous, comme Kamuniak ou Tilikum attestent de l'existence d'une folie dans le monde sauvage, il y aura aussi des témoignages de « folie » spontanée chez nos chats domestiques.

Déjà, nous pouvons remarquer à quel point la structure non sociale de l'espèce féline modifie l'expression des troubles du comportement. La familiarisation étant acquise par expérience, et n'étant pas une prédisposition naturelle chez l'espèce féline, elle est souvent la première à être affectée alors que le lien d'attachement qui est de nature différente et plus profonde peut être parfois encore respecté même dans la perte de contact avec la réalité. Attention, dans d'autres cas, même l'être le plus proche du chat est lui aussi en danger, et il ne faut pas croire que le lien est toujours protecteur. Il l'est d'une certaine manière : c'est en son nom que l'humain qui vit avec son chat nous demande de tout tenter pour contrôler ces états. Sans attachement, l'issue serait beaucoup plus souvent fatale pour l'animal.

La consultation de psychiatrie vétérinaire

Quand Nathalie a appelé pour avoir des renseignements, j'ai senti que sa décision de venir me voir n'était pas prise. Elle m'a décrit un chat aux comportements variables avec des troubles cutanés récurrents marqués, entre autres, par des alopécies (pertes de poils rendant la peau visible) sur le dos. Plusieurs vétérinaires dermatologues s'étaient penchés sur son cas, avaient exercé leur art mais en étaient venus eux aussi à s'arracher les cheveux et à renoncer devant la complexité du cas. Le dernier consulté, qui m'accueillait très souvent dans sa structure, avait conseillé à la dame de vérifier l'implication de l'équilibre psychologique dans l'affection présentée.

Aujourd'hui, il existe des centres hospitaliers vétérinaires qui regroupent plusieurs spécialistes capables d'effectuer tous les actes de la médecine et de la chirurgie, au sein desquels les vétérinaires psychiatres trouvent petit à petit leur place. Les échanges sont fructueux quand ils peuvent se mettre en place, et nous avançons tous dans le sens d'une médecine de meilleure qualité quand nous ajoutons aux compétences hyperspécialisées la capacité à embrasser l'individu dans son ensemble et dans son environnement : c'est le concept d'une seule médecine (« One Health ») qui nous invite à ne pas oublier le lien à l'intérieur du corps entre tous les organes, le lien de ce corps avec les autres êtres vivants qui l'entourent et avec tout son biotope. Par bonheur, il n'a pas fallu attendre ces avancées pour que beaucoup de confrères pensent à ces liens et nous invitent à apporter notre regard quand l'affection physique, rebelle et récidivante, ne répondait pas à leurs traitements.

Me voilà donc au téléphone avec Nathalie : elle n'est pas hostile, elle est dubitative. Je dois vous avouer que, au bout de plus de trente ans d'explications répétées, il m'arrive parfois d'oublier que mon interlocuteur les entend pour la première fois. « Mais vous allez faire quoi ? Mais vous faites comment ? Vous êtes sûr de pouvoir faire quelque chose ? Là, elle n'est plus en crise, vous ne verrez rien. » Il est difficile de ne pas entendre dans ces questions ou ces arguments un déni de confiance alors que, dans la grande majorité des cas, ce n'est que le reflet d'une inquiétude légitime. Je dois donc répéter avec patience que, comme dans toutes les disciplines médicales, nous avons la capacité, grâce à la prise de renseignements, de commémoratifs, grâce à notre sémiologie comportementale (l'étude des signes cliniques), de pouvoir établir un diagnostic.

Rappelons aussi que les cardiologues n'ont pas besoin de courir à côté de leurs patients ni les dermatologues, pour humains ou pour animaux, d'être couverts de papules ou de pustules pour comprendre l'affection dont souffre leur patient.

La démarche médicale est au cœur de notre pratique, et, puisque nos consultations sont encore mystérieuses pour certains, rappelons-en le principe et leur structure.

Dans un premier temps nous recueillons le motif, la plainte des humains qui accompagnent le chat : « Il est malpropre… il nous agresse… » Cela nous oriente mais ne nous donne jamais une réponse immédiate. Quelle que soit l'évidence apparente de la solution, la confirmation est nécessaire.

Motif et demande

Le motif est un élément, la demande en est un autre. C'est sans doute ce qui fait le plus la différence avec les autres disciplines, même s'il y a certaines ressemblances avec celles souvent en butte aux maladies chroniques, à investissement important (aussi bien en temps qu'en argent) et au pronostic incertain (dermatologie, oncologie, diététique, etc.).

Un même motif peut cacher des demandes très différentes : prenons par exemple le cas d'un chat malpropre qui salit régulièrement la maison en laissant des traces odorantes d'urine.

La demande qui paraît évidente est : il faut que cela cesse ! Mais ce n'est pas toujours le cas. Parfois cela dure depuis si longtemps qu'il y a une résignation chez les propriétaires qui en fait veulent juste s'assurer que cela n'est pas un signe de mal-être pour leur chat (et en fait, si, c'en est un !).

Ou bien, et c'est plus ennuyeux et crucial de le repérer très vite, derrière ce motif, il y a parfois la volonté de ne pas garder l'animal devenu indésirable, trop loin de l'image fantasmatique que les compagnons humains avaient pu s'en faire ou perturbant trop la vie sociale et familiale.

Souvent, la question de la demande précise permet d'apprécier les ressources du système : reste-t-il de l'énergie à ce groupe pour mettre en place de nouvelles solutions ? Les propriétaires sont-ils tristes, épuisés, désespérés, exaspérés ou pleins d'espoirs et prêts à une nouvelle tentative ?

Au cours de mes longues années d'enseignement de cette discipline, j'ai souvent constaté à quel point il est difficile de doser le temps accordé à la demande : pas assez, et le client ne se sent pas entendu et ne comprend pas la démarche ; trop, et le risque est grand d'être noyé sous des détails donnés trop vite, qui ne prennent toute leur importance qu'en s'insérant dans le questionnaire et qui peuvent être oubliés quand cette partie sera enfin abordée.

La belle histoire

Après avoir donc accordé un juste temps à cette partie, le recueil sémiologique va occuper une place importante. Le rôle ici du praticien est celui d'un traducteur : il doit transformer les signes, les observations livrées par le propriétaire dans un langage trivial, naïf et personnel, en symptômes reconnaissables par chaque praticien, reliés si possible à l'implication d'un neurotransmetteur particulier et qui nous mette sur la piste de la bonne molécule, du diagnostic exact ou de la thérapie adaptée. Nos consultations sont longues mais elles n'ont rien d'un bavardage, tous les signes transformés en symptômes par l'alchimie de la connaissance permettent au praticien de construire sa représentation de l'affection. Notre posture est donc constructiviste, dans la lignée de la pensée de Paul Watzlawick : « La psychothérapie constructiviste n'a pas l'illusion de croire qu'elle va faire voir au client le monde tel qu'il est réellement. Au contraire, le constructivisme est pleinement conscient de ce que la nouvelle vision du monde est, et ne peut être que, une autre construction, une autre fiction, mais une vision utile, moins douloureuse[6]. » Le vétérinaire psychiatre construit ainsi, sur la base des symptômes recueillis, une représentation de la réalité sur laquelle il va pouvoir agir en accord avec les humains et, d'une certaine façon, avec le chat. Rien d'étonnant alors que deux praticiens puissent se faire une construction différente mais efficace, même si l'univers des possibles n'est pas infini.

Le vétérinaire explore tous les comportements de l'animal et ne se restreint pas au comportement problème. Les autres parties du répertoire vont nous permettre de mieux cerner le fonctionnement de l'animal sur le plan neurotransmetteur, connaissance primordiale pour bien prescrire. Nous passons en revue ainsi tous les comportements centripètes, ceux qui intéressent le rapport de l'animal à son propre corps – alimentation, boisson, sommeil, élimination, comportement somesthésique (toilettage, etc.), puis les comportements centrifuges, les relations avec les autres, les jeux avec d'autres individus, les comportements agonistiques –, agressions et fuite, et surtout le comportement exploratoire. Enfin nous nous intéressons aux comportements mixtes, ceux qui concernent à la fois le corps de l'animal et sa relation avec le monde et avec les autres, très riches chez le chat, marquages, attachement, comportement sexuel et maternel si les animaux ne sont pas stérilisés.

Une fois tous ces comportements scannés, il ne faut pas oublier de s'intéresser aux conditions de développement du chat, aux commémoratifs médicaux qui ont pu jalonner son existence et qui peuvent être des points de départ de troubles comportementaux, et, consultation vétérinaire oblige, nous pratiquons toujours un examen physique, parfois peu évident à pratiquer mais instructif aussi dans ce cas-là.

Voilà pourquoi une consultation de psychiatrie féline (et c'est pareil si ce n'est pire pour les chiens) ne saurait durer dix minutes !

La compréhension et l'efficacité de l'intervention passent par la connaissance intime de la vie de Moustache, Flora ou Belzébuth, du chat qui est en face de nous et non par une connaissance générale plaquée. Souvenez-vous de la richesse des combinaisons qu'offre cette double nature proie-prédateur et vous comprendrez que la démarche ne peut être qu'individualisée même si elle répond à de grands principes.

La thérapie comportementale

Après avoir établi le diagnostic, le vétérinaire psychiatre va le partager avec son client et doit obtenir une adhésion à la construction qu'il a échafaudée. Sans partage de la vision, les chances de réussite sont moindres. Il ne faut pas hésiter à prendre le temps de l'explication, à trouver parfois des métaphores, des images pour rendre acceptable par exemple la prise du médicament qui ne rentre pas au départ dans la conception que s'est faite l'humain de la nature de son chat.

Une fois l'adhésion acquise à la représentation et au traitement, le vétérinaire peut prescrire, écrire les détails de la thérapeutique (combien de comprimés ou de gouttes, combien de fois par jour, comment) et aussi et surtout toutes les explications de la thérapie comportementale. Chez le chat, comme nous l'avons déjà expliqué, cela commence presque toujours par le fait d'abandonner les sanctions physiques – et ne levez pas les yeux au ciel si vous n'avez jamais songé à donner une claque à votre chat, vous seriez étonné si vous pouviez être une mouche dans mes consultations de voir le nombre de personnes qui ont puni, frappé, mis le nez dedans, crié très fort, etc. J'ai souvent cité comme exemple cette dame d'un âge certain, de catégorie socioprofessionnelle supérieure et qui m'avouait avoir tapé sur son chat avec un annuaire : « J'ai lu dans un roman policier que ça ne blessait pas, ça ne laissait pas de trace et que c'était très impressionnant… » Nul doute que le plus impressionné, ce fut moi… et sans doute le chat.

Quand les propriétaires nous confient de telles choses, c'est qu'ils ont compris que nous ne sommes pas là pour les juger mais pour les aider (ce qui ne veut pas dire que nous sommes d'accord avec tout et surtout pas avec les annuaires !). Ils nous donnent beaucoup de renseignements précieux et précis que nous pouvons mettre au service du traitement, et il nous arrive, avec cette nécessaire empathie, de les remercier de nous livrer tel détail qui prouve leur confiance.

Le diagnostic a été établi, le traitement, prescrit, mais la partie la plus importante pour celui ou celle qui vit avec l'animal, c'est bien le pronostic. Est-ce que cette maladie se soigne ? en combien de temps ? cela va coûter combien ? quelle est la probabilité de succès ? Autant de questions légitimes auxquelles nous savons de mieux en mieux répondre au fur et à mesure des progrès de notre discipline.

Suivi primordial

Enfin, il reste à fixer le cadre du suivi… nous sommes tout sauf des magiciens et, en fonction du diagnostic, il faut accompagner plus ou moins longtemps les propriétaires dans le travail de thérapie comportementale. Nous avons déjà eu l'occasion de l'évoquer dans le cas de Choupette, mais, aujourd'hui, la téléconsultation a apporté beaucoup dans notre pratique et c'est encore plus vrai dans le cas des suivis. Parfois nous entendons parler de médecine dégradée dans le cas de télémédecine, mais de nombreuses expériences ont forgé en moi la sensation d'une médecine différente et complémentaire.

Bien sûr, il est impossible de faire un examen physique correct à distance même si c'est sans doute une question de temps et de matériel pour que cela devienne possible. Il m'est déjà arrivé de faire pratiquer à des clients intéressés, et aptes à le faire, la vérification de quelques réflexes posturaux avec leur chat à domicile me permettant d'éliminer certaines affections neurologiques. En revanche, pouvoir observer un chat dans son environnement sans le déranger, sans que notre présence ne soit considérée comme une intrusion majeure, et sans lui imposer un déplacement dans des locaux où il ne pourra évoluer à l'aise, reste un atout considérable. Le suivi va permettre d'apprécier l'évolution de l'affection, tout d'abord dans une approche globale, puis en vérifiant tous les éléments qui dysfonctionnaient au cours de la première consultation, sans oublier de vérifier que rien d'autre ne s'est déréglé. Cela va permettre d'ajuster la thérapie comportementale. L'observation de l'organisation du domicile permet de repérer des éléments insoupçonnés lors de la consultation et de peaufiner les mesures de modification écologique. La description d'éventuels effets secondaires, marqués ou inhabituels, nous indique comment adapter la thérapeutique en modifiant la dose ou le rythme d'administration, ou le plus souvent en ne changeant rien mais en expliquant et en rassurant.

La durée de la thérapie

Guérir une affection comportementale, amender un état pathologique demande souvent plusieurs mois, *a minima* plusieurs semaines, et la première consultation quelle que soit sa qualité n'est donc pas suffisante. C'est le suivi qui permet de réelles guérisons : c'est un moment toujours fort de pouvoir déclarer la fin d'une prise en charge, les objectifs étant atteints. Cela nous ramène à notre différence entre le motif et la demande. Un piège classique est qu'un glissement s'opère au cours des suivis : parfois la plainte initiale est résolue, mais, heureux de voir que le changement est possible, les propriétaires du ou des chats vont avoir d'autres souhaits. Il est crucial alors d'acter que le premier but est atteint, que la demande initiale a été satisfaite et de décider ensemble s'il faut continuer avec un nouvel objectif.

Voilà tout ce qu'il faudrait expliquer chaque fois et que je n'ai pas toujours le temps de dire : pouvoir le faire ici en quelques pages servira, je l'espère, à beaucoup pour mieux comprendre notre pratique, apaiser les incertitudes et faire confiance à cette nouvelle médecine qui prend en charge les souffrances comportementales de l'animal.

Mais revenons à Nathalie, qui est toujours au téléphone, incertaine dans sa démarche d'une nouvelle consultation. Après quelques minutes d'échange, elle comprend que je suis prêt à l'écouter, et nous prenons donc rendez-vous.

Melly, folle à s'en arracher les cheveux

C'est la première chose que me dit Nathalie : « Chaque fois que j'ai raconté mon histoire, j'ai eu l'impression d'être prise pour une folle. » Je la rassure : « J'entends souvent cela et c'est compréhensible : la psychiatrie animale n'est pas enseignée dans les écoles vétérinaires et donc la plupart des vétérinaires ne sont pas formés dans cette discipline. Ils sont alors étonnés par l'énoncé de symptômes qu'ils n'ont jamais appris et qui, pour eux, ne correspondent à rien. Racontez-moi et tout d'abord présentez-moi cette demoiselle. »

Nathalie pose sur la table de consultation une caisse de transport : je m'approche et je découvre une magnifique chatte abyssine. L'origine de cette race reste mystérieuse : vient-elle d'Éthiopie comme son nom semble l'indiquer ainsi que la légende du premier chat abyssin, Zula, qui aurait été ramené d'Addis-Abeba ? Vient-elle d'Asie ? ou est-elle juste le fruit de la sélection de chats au pelage lièvre et à la forme orientale[7] ?

Même si je répète à longueur d'ouvrage ou de cours que l'appartenance à une race ne permet pas de prédire le comportement, je reste ouvert à tout ce que la génétique peut nous apporter, et, si la race n'est pas un bon indice, il serait ridicule de nier que certaines lignées (certaines familles) présentent des traits comportementaux similaires et parfois des affections comportementales identiques révélant soit une racine génétique, soit une cause commune dans le développement.

Un air de famille

Melly appartient à cette race des abyssins dans laquelle plusieurs lignées semblent atteintes par des troubles psychiatriques sévères marqués par des états de déréalisation.

Je ne suis donc pas très étonné par ce que me raconte Nathalie.

« En fait, je n'ai pas un chat mais deux chats, une Melly adorable qui sait se faire apprécier de tout le monde et une diablesse qui nous fait peur et parfois mal à tous. »

Je m'approche de la porte de la cage de transport, je parle à Melly avec un ton doux et je regarde ses premières réactions.

Elle s'approche, vient me sentir à travers la porte grillagée et semble calme. J'entrouvre la porte et présente ma main immobile, mais il n'y a chez la chatte aucun signe de frayeur, aucun mouvement de repli et quand la porte est grande ouverte, elle sort de sa cage et s'étire sur la table.

Je prends contact avec elle, elle se frotte à moi, me regarde avec un air interrogateur, la queue bien droite dont seule l'extrémité est à peine recourbée, mimant à la perfection un point d'interrogation : « C'est à quel sujet ? » semblent dire les chats avec cette posture.

« Vous voyez, je vous l'avais bien dit, vous n'allez rien voir, s'exclame Nathalie, et je comprends sa frustration.

– Ne vous inquiétez pas : je ne vais pas mettre en doute ce que vous me direz et je vois déjà sur son dos des zones plus claires qui montrent que son poil n'a pas encore repoussé comme il devait être au départ.

– Mais là, ce n'est plus rien. Quand je l'ai emmenée chez le dermatologue, elle n'avait plus qu'une ligne de poils sur le dos.

– Je vous crois : je vois la zone qui a dû devenir glabre et j'imagine que c'est en se léchant que Melly provoque ça.

– Mais oui ! Toutes les hypothèses ont été évoquées : des puces ! Vous imaginez des puces chez moi...

– C'est de très loin la première cause de ce genre de lésions, et même les chats d'appartement peuvent se retrouver avec des puces...

– Ce n'était pas ça, ni une allergie alimentaire ni aucune des autres possibilités testées, et ce qui étonnait le plus vos confrères était le côté par poussées qui n'étaient pas reliées à la saison...

– Très bien ! Nous allons maintenant explorer tous ses comportements et, pour chacun d'eux, vous me donnerez les deux versions : quand Melly va bien et quand elle devient le diable… »

Commence alors le recueil sémiologique avec, comme je l'ai rappelé, le passage en revue de tout ce qui constitue le répertoire comportemental précis de ce chat, ou plutôt de ces deux chats dans le cas de Melly et de ses deux versions.

Sans surprise, nous allons vérifier que toutes les grandes fonctions sont affectées par le trouble dont souffre la chatte.

L'alimentation au premier titre ! Alors que Melly a un appétit qualifié de normal la plupart du temps, au cours des crises elle alterne des moments avec un appétit vorace et d'autres où elle ne mange presque plus et semble irritée. Il lui arrive alors d'émietter quelques croquettes puis de partir en courant comme si elle avait été traversée par une décharge électrique ou comme si elle avait perçu un danger potentiel.

Si la prise de boisson semble peu affectée, le comportement éliminatoire est, lui, modifié. Nathalie décrit une chatte délicate et pointilleuse qui enterre avec précaution toutes ses déjections en période normale. En crise, si elle reste à peu près propre, elle ne recouvre plus ses excréments et parfois sort si vite de la caisse que les selles peuvent tomber en dehors.

« Pourtant rien ne change dans l'appartement, mais j'ai toujours l'impression qu'elle a le diable à ses trousses.

– Sensation d'autant plus douloureuse pour Melly que le “diable” est en elle et qu'aucune fuite ne lui permet de lui échapper… »

Reprendre les mots des clients leur permet de mieux s'approprier la représentation de la maladie, et la sensation de familiarité donnée par le son de leurs propres paroles crée les conditions de l'adhésion.

Je ne m'attarde pas sur le comportement somesthésique (toilettage, léchage, etc.). C'est le comportement problème : nous en avons déjà parlé au début et nous en reparlerons ensuite mais je ne souhaite pas que tout le temps sémiologique soit consacré à ce seul point.

Voyage au bout de la nuit

Je m'intéresse au sommeil, à sa qualité, aux endroits choisis et à l'éventuelle acceptation d'une compagnie.

« Alors là, il faut demander à Chouchou, c'est lui qui en parle le mieux, me dit Nathalie avec un sourire.

– Mais qui est Chouchou ?

– Chouchou, c'est mon autre chat… un européen de 6 ans, un mâle castré ; quand tout va bien, dans les périodes normales, Melly dort entre les pattes de Chouchou.

– Ah bon, vous êtes sûre ?

– Vous savez… je vis avec eux tout le temps.

– Oui, bien sûr, excusez-moi. »

Mon étonnement vient du fait que cela est réputé rare pour ne pas dire inexistant. En principe, seuls les chats appartenant à une même fratrie ou affiliés partagent le même champ d'isolement. Ce n'est pas la première fois que les chats montrent qu'ils font peu de cas des principes. En matière de comportement félin, les règles générales connaissent toujours beaucoup d'exceptions… et Nathalie de poursuivre

« C'est aujourd'hui mon meilleur point de repère ! Quand tout va bien, je les vois souvent dormant ou se reposant ensemble ; Chouchou lèche Melly qui se laisse faire et puis… à un moment, sans que moi je n'aie rien vu, Chouchou va se réfugier en hauteur et il évite Melly, et je sais que la crise va recommencer. »

Je peux alors vérifier que la quantité de sommeil semble diminuée et que les phases de rêve, déjà peu perçues en période normale, disparaissent.

Le sommeil est un élément important dans notre sémiologie et il est souvent négligé.

L'emplacement et la qualité du champ d'isolement nous intéressent, mais, au-delà, les caractéristiques structurelles nous apprennent beaucoup sur l'état émotionnel. Les chats hyperactifs dorment peu et ne rêvent pas ou très peu ; les anxieux se réveillent et se mettent en mouvement ; les dépressifs ont des réveils brutaux, un avancement au sommeil paradoxal et ressentent de l'anxiété avant de dormir ; les chats normaux, eux, dorment beaucoup et sont des champions en matière de rêve. C'est l'équipe de Michel Jouvet (1925-2017), neurobiologiste très réputé, qui a nommé le sommeil paradoxal et en a découvert les mécanismes fondamentaux. C'est une fierté nationale !

La science des rêves

Nous avons, dans notre diplôme de psychiatrie vétérinaire, eu la joie et l'honneur d'accueillir Raymond Cespuglio, un des membres de l'équipe de Jouvet qui avait travaillé avec lui sur la définition de cette phase de rêve, et cela a été un moment mémorable pour nous et nos étudiants.

Au cours d'expérimentations que nous n'approuverions plus aujourd'hui, les expériences ont montré que la phase de rêve correspondait à une activité cérébrale comparable à celle de l'éveil mais dans laquelle le tonus musculaire était aboli presque en totalité par une petite partie du cerveau qui s'appelle le *locus cœruleus*. Après destruction de cette zone précise, les chercheurs ont pu ainsi observer les comportements qui peuplent les rêves de chat. Ils furent surpris de constater que, même chez les animaux les plus doux, les séquences comportementales les plus représentées étaient des attaques, suivies par du léchage et de l'affût caractéristique[8]. L'équipe fut surprise de ne retrouver dans ces rêves félins aucun comportement sexuel, mais l'article ne dit pas si les animaux étaient stérilisés et s'ils étaient en phase d'œstrus « de chaleur », ce qui expliquerait sinon que cette activité-là ne peuple pas leurs nuits, la fréquence des rêves érotiques chez les humains étant reliée à une activité sexuelle qui a la caractéristique d'être permanente, à la différence de la plupart des autres animaux.

« Champions, médaille d'or en matière de rêve » : c'est à Boris Cyrulnik que je dois cette expression à propos des chats. Il cite même les chiffres de 200 minutes de sommeil paradoxal pour les chats contre 100 minutes pour les humains. Vous pouvez le vérifier, comme je l'ai fait moi-même[9], et ces chiffres sont exacts. Le rêve est important dans la maturation du cerveau des bébés et des jeunes enfants mais aussi dans l'équilibre émotionnel et dans les capacités d'apprentissage chez les adultes. À tel point que, à l'opposé de l'idée reçue que le rêve protège le sommeil, les neurophysiologistes pensent aujourd'hui que le sommeil est là pour nous permettre de rêver.

Mais alors pourquoi le rêve a-t-il une telle importance chez notre espèce féline domestique ?

Mon hypothèse est que cela correspond une fois de plus à sa double nature de prédateur et de proie. Dans la vie d'un chat, il existe cette scission entre ces deux types d'activités, vitales toutes les deux mais différentes par nature. Si nous reprenons les activités décrites par l'équipe de Jouvet, nous voyons que tout ce qui est affût et action de chasse correspond au pôle prédateur et que tout ce qui est agression défensive et attaque correspond au pôle proie qui se défend. Reste la troisième activité, somesthésique, c'est-à-dire centrée sur le corps du chat. Ce toilettage qui semble par moments frénétique révèle l'importance d'un bon entretien et sans doute l'impact émotionnel de certaines situations rêvées, apaisées de manière naturelle par des comportements autocentrés.

Voilà donc un élément de plus que je verse au dossier de la complexité du fonctionnement cérébral des chats. Ils rêvent, ils rêvent beaucoup, et la disparition de ce comportement onirique est un élément sémiologique d'importance. Chez le chat, rappelons-le, et c'est sans doute là aussi lié à sa nature de proie, l'inhibition motrice au cours de la phase de rêve est plus forte que chez le chien (j'ai vu ainsi des chiens endormis remuer la queue dans leurs rêves avec des mimiques qui indiquaient de façon nette qu'ils entraient en contact avec un autre chien). Chez le chat, les signes sont beaucoup plus subtils. Par chance pour nous, les propriétaires de chat sont souvent de fins observateurs de leurs compagnons et ils décrivent avec beaucoup de précision des moustaches qui vibrent, des doigts qui bougent, des oreilles qui s'orientent comme si le chat écoutait, et enfin et surtout des globes oculaires aux mouvements désordonnés sous des paupières closes. C'est ce dernier point qui a donné son nom anglais, utilisé de manière courante dans la littérature scientifique à cette phase de sommeil paradoxal : elle est nommée REM (*rapid eye movements)* phase (et le reste du sommeil en opposition NREM, *non rem phase*).

Quand tout va mal

Pour en revenir à notre chatte compliquée, Nathalie décrit une Melly version ange, dormant entre les pattes de Chouchou, dans des champs d'isolement partagés et accessibles, et présentant de nombreuses phases de rêve observables. En revanche, en mode démon, Melly dort beaucoup moins, n'atteint jamais les phases de sommeil paradoxal et semble très nerveuse et irritable, signant par là même le profond changement dans l'économie émotionnelle et cognitive de l'animal.

Son comportement exploratoire est très modifié aussi dans ces moments-là : elle déambule dans l'appartement, sursaute au moindre bruit et peut « cracher » de façon menaçante comme font les chats effrayés.

Nathalie nous signale aussi la disparition des périodes de jeux quand Melly ne va pas bien. Elle qui, d'habitude, peut passer de longs moments à courir derrière des boules de papier d'aluminium, ou à attendre son humaine favorite pour jouer avec les fils de ses écouteurs dans un rituel de bienvenue qui peut durer de longues minutes, ne répond plus à aucune sollicitation et là encore peut même réagir de manière agressive.

Personne n'est épargné par les réactions de feulement, par les coups de patte agacés et par les postures de menace en U inversé, poil hérissé et oreilles aplaties sur la tête.

Dans le monde dans lequel vit Melly dans ces moments-là, tout est danger, elle n'est plus qu'une proie vulnérable qui doit se défendre contre tout, y compris contre ses meilleurs amis.

Nous imaginons volontiers la souffrance comportementale que cela représente pour ce chat. Dans notre travail d'empathie, se représenter le changement d'environnement que son cerveau dysfonctionnel provoque, c'est un peu se retrouver enfant en train de regarder Blanche-Neige qui court dans la forêt poursuivie, dans son imagination, par les branches des arbres qui veulent lui faire du mal. La sensation de terreur que nous éprouvons comme jeunes spectateurs doit être très proche de ce que vit Melly. Les trois réponses classiques à une peur intense sont la sidération, la fuite ou l'agression, ce qui se traduit en anglais par la règle des 3 F (*freezing, flying, fighting*). Chez Melly, les réponses à ses peurs intenses, d'origine interne mais qui n'en sont pas moins réelles pour elle, sont la fuite et l'agression. Cela ne fait pas d'elle un chat « méchant », mais nous avons affaire à un chat malade. La réaction de Chouchou dans ces cas-là est très caractéristique, il ne se met pas en colère contre Melly. Lui la reconnaît, ne réagit pas comme si elle était un chat inconnu et agressif. Néanmoins, il se met en sécurité et semble ne pas comprendre pourquoi son amie soudain change de comportement de manière aussi radicale.

C'est un élément que j'intègre toujours dans ma sémiologie, une manière de prendre en compte ce que disent les *autres* animaux, un respect pour leur intelligence émotionnelle. Chouchou semble me dire : « Tu sais, Melly par moments, elle est vraiment très bizarre... », et je suis d'accord avec lui !

Enfin, nous revenons sur le comportement problème, ce qui a déclenché les consultations, le comportement de toilettage de notre patiente. En fait, en ayant recueilli les autres symptômes, la plainte majeure de léchage compulsif est déjà éclairée d'une toute nouvelle façon. Quand nous y revenons, Nathalie fait la synthèse seule : « En fait, quand Melly est dans sa mauvaise phase, elle fait tout avec une intensité anormale : sa peur, son agressivité, sa vigilance sont exacerbées : plus rien n'est normal. »

C'est une maladie que je connais

Quand l'entretien sémiologique se passe bien, il n'est pas rare que le client arrive à la même conclusion que nous. Il nous reste à préciser le diagnostic. Aujourd'hui il n'est pas toujours facile de faire la part entre les deux troubles psychiatriques sévères rencontrés chez nos carnivores domestiques (et qui existent *mutatis mutandis* chez l'être humain) : la dysthymie bipolaire et le syndrome dissociatif. Si la première déjà évoquée avec Nougatine laisse l'animal dans une certaine réalité même si les réactions sont disproportionnées, le second le plonge dans un autre univers, qui ne nous est pas accessible mais qui a peu d'intersections avec notre réalité. La bascule brutale pour Melly, le fait qu'elle semble ne reconnaître personne et que les autres ne la reconnaissent pas, la sensation d'étrangeté qu'elle manifeste par rapport à son environnement habituel, tout cela nous fait choisir plutôt le diagnostic de syndrome dissociatif, un équivalent de la schizophrénie humaine, rencontré aussi bien chez le chien que chez le chat.

Soyons clairs, il n'est pas question de dire que c'est la même affection, que ce sont les mêmes bouffées délirantes : le monde d'un chat, son *Umwelt* (sa perception du monde et sa représentation de soi dans ce monde), comme disent les éthologues, c'est-à-dire l'ensemble de ce qui fait sens pour un chat dans son environnement, n'est pas celui d'un humain, et il n'y a aucune raison que ses délires soient les mêmes. « Les rêves d'un chat sont peuplés de souris », écrivait René Thom, rejoignant ainsi Ludwig Wittgenstein (voir p. 63). Les deux disent en termes différents la même chose : le monde de chaque espèce n'est pas comparable, et nous ajouterions volontiers qu'il faut y ajouter l'unicité de chaque individu. Les progrès techniques nous permettront-ils un jour de pouvoir mettre des images sur ces pertes de contact avec la réalité ? Que voit Melly quand elle sort de nos sensations partagées pour basculer dans son monde ? Quelle énorme souris bariolée ou quel chien monstrueux envahit soudain son univers et la terrorise au-delà de tout ce que nous pouvons imaginer ? Quelle sensation corporelle insupportable la pousse à se lécher au point de s'arracher les poils comme cette jeune femme nous raconte comment elle s'arrachait les cheveux dans ses épisodes délirants[10].

Croyez-moi : si schizophrénie humaine et syndrome dissociatif félin ne sont pas superposables, ils se ressemblent comme des cousins germains, ils appartiennent à la même famille de ces troubles qui prennent leur racine dans une physiologie cérébrale déréglée. Vulnérabilité génétique, influence des conditions très précoces de développement ou de la nourriture sur l'équilibre du microbiote, tout ce qui intéresse les médecins au plus haut point dans la détection précoce de la schizophrénie, et dans sa prévention, pourrait un jour prochain faire partie aussi du quotidien du vétérinaire psychiatre.

Cela passe déjà par la reconnaissance de ces troubles et par la conviction que nos animaux domestiques, dans leur monde, peuvent aussi être fous.

Folie, vous avez dit folie ?

Quand je pose la question à brûle-pourpoint dans un atelier regroupant une douzaine de vétérinaires, j'observe très souvent au départ un scepticisme marqué ou, au mieux, une indifférence polie. Et puis quand je décris les symptômes, alors les souvenirs reviennent, les cas cliniques remontent dans les mémoires, et souvent mes confrères finissent convaincus. Ils deviennent dans ces cas-là de précieux référents qui m'envoient souvent l'animal accompagné d'un petit mot : « Cher confrère, je vous réfère Roméo dont je pense qu'il présente un des deux troubles psychiatriques sévères que je vous ai entendu décrire », tant il est vrai qu'il n'est possible de reconnaître que ce qui est connu.

Je ne doute pas qu'au cours des années qui viennent la prise en charge de ces maladies va s'améliorer. Pour cela, il manque une pierre à l'édifice : que les écoles vétérinaires ouvrent la porte à un véritable enseignement de la psychiatrie et ne se limitent pas, comme c'est encore le cas aujourd'hui, à l'enseignement de l'éthologie, un peu comme si la faculté de médecine ne parlait pas de pathologie mentale mais se cantonnait à la sociologie, science intéressante mais qui ne concerne pas les médecins au premier chef.

Nous sommes les médecins des autres animaux non humains, et notre serment, celui de Bourgelat, nous engage, à l'égal de celui d'Hippocrate, à soulager nos patients. Ne pas prendre en compte la souffrance mentale n'était pas une faute quand nos représentations et nos connaissances ne nous permettaient pas de nous inscrire dans le diagnostic et dans le traitement des affections psychiatriques des animaux qui nous sont confiés, mais cela pourrait le devenir. Alors qu'aujourd'hui la conscience animale est au cœur de la recherche scientifique et que le bien-être est devenu un enjeu majeur de société, comment encore ignorer tout ce pan de la souffrance animale ?

Mieux connaître pour mieux soigner

J'annonce donc ce diagnostic à Nathalie à la fois inquiète et soulagée…

Soulagée parce que je ne l'ai pas considérée comme une folle et parce que, au contraire, j'ai donné un cadre qui venait authentifier ses dires.

Inquiète, parce que le diagnostic mérite de l'être et que je ne peux vraiment la rassurer : bien sûr, je vais donner un traitement mais sans pouvoir être confiant, car je manque de recul et n'ai pas assez d'armes. Pourtant, je sais que l'avenir de Melly s'est éclairci, moins parce que je vais pouvoir la guérir que parce que, connaissant son ennemi, Nathalie va s'organiser et ne plus se débattre dans l'inconnu. À une époque où les moyens étaient aussi limités, en Égypte antique, les médecins avaient pour coutume de dire : « C'est une maladie que je connais et dont je peux dire le nom », et cet énoncé était leur premier acte thérapeutique.

Le traitement était lourd, et rendu encore plus difficile par le refus de Melly de prendre les médicaments. Les crises étaient limitées, et la balance bénéfice-risque n'était pas en faveur de l'administration quotidienne. Après avoir essayé quelques semaines, Nathalie a renoncé à traiter Melly. Je crois qu'ils en ont parlé avec Chouchou et qu'ils sont convenus qu'il la préviendrait de l'apparition des crises. À ce moment-là, elle enfermerait Melly dans une pièce la plus calme possible sans lumière, sans son, sans stimulation pour la protection de tous, et cela serait conforme à ma thérapie comportementale.

J'ai eu de loin en loin des nouvelles de Melly qui est morte des années après d'une insuffisance rénale aiguë comme tant de chats qui ne souffrent pas par ailleurs d'un syndrome dissociatif.

Le cas de Melly remonte à très longtemps et, par bonheur pour les chats, ces cas sont rares mais ils ne sont pas exceptionnels. Beaucoup d'entre eux ne sont pas détectés, errent de dermatologue en neurologue et aboutissent parfois à une euthanasie. J'ai eu l'occasion dans un passé récent de voir plusieurs chats ayant subi des amputations de la queue après des attaques automutilantes très sérieuses. Amputation du tiers distal (l'extrémité de la queue), mais, si l'animal est encore en crise, aucune collerette, aucun point ne résistera à sa « folie » dévastatrice, et la nouvelle mutilation entraînera une nouvelle amputation plus haute jusqu'à atteindre les premières vertèbres caudales. C'est à ce moment, face à la souffrance évidente et à l'impasse thérapeutique, qu'une décision d'euthanasie compassionnelle est souvent prise.

Comment ne pas comprendre ces confrères qui, dans leur référentiel acquis, n'ayant jamais été formés à la psychiatrie féline, se sentent démunis face à cette douleur tant physique que psychique ?

De nouveaux outils pour une nouvelle pensée

Aujourd'hui encore, alors que la question de la conscience semble réglée, celle de la souffrance se pose encore pour quelques-uns. Il y a un siècle, la présence de la douleur engendrait le même débat et certains se réfugiaient derrière le concept de nociception pour dire que, chez les animaux, il y avait les mêmes voies de la douleur, les mêmes molécules de la douleur, mais ce qu'ils ressentaient devait être désigné par un autre mot pour ne pas mélanger les humains et les autres animaux. Sottise aujourd'hui abandonnée, et c'est même devenu un impératif de bonnes pratiques que de savoir prendre en charge la douleur au quotidien, des interventions de convenance à l'accompagnement du grand âge en passant par toutes les affections douloureuses.

« Mais la souffrance ? c'est pareil non ?

– Ne vous emballez pas, jeune homme ! Pour souffrir, il faut avoir conscience de sa condition, qu'elle pourrait être différente, et qu'il pourrait, en quelque sorte, y avoir une autre vie. »

J'avoue que je préfère en rire mais que cela est parfois démoralisant. Trente ans après, je rencontre toujours le même plafond de verre qui se déplace d'une époque à l'autre mais qui essaie de garder une cloison étanche entre l'être humain et les autres animaux.

Tout le monde aujourd'hui parle de bien-être, et le chat en est devenu une icône, mais de là à lui accorder le droit à la souffrance et à la folie, il y a là un fossé que peu sont prêts à franchir.

Par bonheur, la légion des défricheurs, des découvreurs de la vérité évidente mais ignorée s'étoffe un peu plus chaque année. J'ai ainsi fait la connaissance d'Olivier Jacqmot que nous invitons depuis à chaque session de notre diplôme. Olivier est assistant en anatomie à l'Université de Bruxelles et il a développé une compétence rare en tractographie[11]. Pour rendre simple cette technique compliquée, disons qu'elle est une branche de l'imagerie cérébrale qui permet de visualiser les circuits à l'intérieur du cerveau. Cela a donné chez l'être humain des images chatoyantes, splendides mais surtout qui ont permis de mettre en évidence des relations entre différentes zones et de rendre visible, en quelque sorte, le support de l'inconscient, ce qui a déclenché de grandes polémiques autour de l'inconscient freudien et de l'inconscient cognitif[12].

À la lecture de ces différentes réflexions et des travaux d'Olivier Jacqmot, deux remarques viennent à l'esprit : la première est assez générale mais ouvre un champ considérable relatif à l'existence d'une conscience animale appliquée au chat ; la seconde est spécifique de l'objet de notre étude en faisant état d'une découverte fortuite que la tractographie a permise chez le chat.

Un détour par la conscience

D'abord, il est remarquable de constater que l'idée d'une conscience, d'une cognition animale a beaucoup gêné les scientifiques, les philosophes et les penseurs religieux. Les animaux (en opposition aux humains), j'ai l'habitude d'écrire les autres animaux, mais, là, ce serait trahir la pensée de ceux qui affirmaient cela, n'avaient pas de conscience, ni d'eux-mêmes, ni de leur histoire, ni de leur environnement : ils étaient l'objet de pulsions, d'apprentissages préinscrits et pouvaient donc être représentés, comme les cartésiens ne manquaient pas de le faire, telles des machines sans émotion et sans affect. Il aurait dû être alors évident que, sans conscience, ces fameux animaux n'étaient que les jouets de leur inconscient, de leurs connaissances inscrites mais à leur insu. Or je crois que c'est quand je me suis adressé à des assemblées de psychiatres pour évoquer la vie psychique des animaux que j'ai rencontré le plus de résistance, et, si une remarque acide ou une question vénéneuse était posée, je pouvais être sûr que cela provenait d'un praticien des obédiences psychanalytiques les plus rigoristes. Il n'est pas question pour moi de mettre tous les psychanalystes dans le même panier, et j'ai été accueilli avec une bienveillance et une curiosité remarquables par Gérard Ostermann par exemple, avec qui les échanges ont été passionnants. Ces pauvres « animaux » n'auraient donc droit ni à la conscience ni à cet inconscient que seule la cure analytique peut révéler par l'intermédiaire de la parole. Ces représentations nous ont amenés à vivre à côté de ces « animaux » sans les regarder et sans voir l'évidence des émotions, de la pensée, de l'anticipation, de la construction de stratégies, de la différence individuelle, de la souffrance, de tout ce qui peut permettre de dire qu'un individu a une vie psychique propre.

Comme souvent, cette connaissance-là a d'abord été vulgaire au sens strict, naïve et anecdotique, et l'évidence est parfois difficile à démontrer de la manière la plus scientifique possible.

Explorer le champ des preuves de la conscience nous entraînerait beaucoup trop loin, mais, pour en revenir à notre félin domestique, passez en revue les six éléments suivants et demandez-vous si vous attribuez à Minou, à Styx ou à Flora l'existence de cette conscience.

Les six critères de la conscience

1. La mémoire.
2. La sentience.
3. Le langage.
4. La métacognition.
5. La théorie de l'esprit.
6. La conscience de soi.

1. Tout d'abord la mémoire : nous avons déjà montré à quel point les mauvaises expériences, génératrices d'états phobiques par le processus de sensibilisation, toujours important chez une proie, conditionnent la vie psychique des chats. Mon image du carnet rouge dans lequel ils notent tout ce qui leur est arrivé de désagréable est une métaphore de leur mémoire consciente et inconsciente.

2. La sentience : c'est la capacité de percevoir et de ressentir son environnement, et d'avoir des expériences subjectives. Il suffit d'avoir deux ou plusieurs chats, ou même de comparer son chat à lui-même, pour se rendre compte que sa perception sensorielle est filtrée pour donner une représentation subjective et individuelle, en un mot, M. Black et M. White vivent dans les mêmes conditions mais ne partagent pas du tout la même expérience. Cette sentience est aujourd'hui accordée à de nombreux représentants du règne animal, voire pour certains du règne végétal. C'est un mot que je n'aime pas : je sais que, pour beaucoup, c'est un moyen de faire progresser la notion d'une conscience au moins *a minima* chez l'animal, mais je trouve qu'elle épaissit le plafond de verre qu'elle souhaite briser : aux humains la conscience, aux autres animaux la sentience. Il me semble beaucoup plus fécond d'accorder à tous une conscience qui n'est en aucun cas la même. Chaque espèce dans son *Umwelt* (sa perception du monde et sa représentation de soi dans ce monde) est différente, et chaque individu dans son espèce est unique même si le champ des partages est plus étendu quand deux individus sont proches sur l'arbre de l'évolution. J'ai beaucoup moins de mal à me représenter le monde d'un chimpanzé ou d'un chien que, et c'est en grande partie le but de ce livre, celui d'un chat dont le répertoire nous éloigne de nos racines. Mais que dire de la représentation d'un poisson alors que certains chercheurs, en établissant par exemple la preuve de la douleur dans ces espèces, ouvrent la porte à une conscience minimale[13].

3. Le langage : évincés par conformation du langage articulé, beaucoup d'autres animaux ont des structures de communication complexes qui constituent des protolangages. Chez le chat, pas moins de vingt et un types différents de vocalisations sont décrits, étudiés et classés, et cela encore dans deux articles récents[14], sans parler des études fondamentales d'éthologie féline. Les compagnons humains des chats connaissent en général la signification de chaque émission sonore de leur chat, des menaces aux demandes de contact. Si *Le Robert* dans sa première acception réduit le langage à la communication entre humains, dès la deuxième ligne il donne la définition de « tout système de signes permettant la communication », et, chez les chats, cela passe à la fois par des productions sonores mais aussi par l'utilisation des phéromones, constitutrices d'un langage sans doute subtil.

4. La métacognition : c'est la capacité pour un animal de savoir qu'il sait ou qu'il ne sait pas. Si des études ont été faites chez le chien, notamment par l'équipe de Miklósi, et chez le rat, nous ne trouvons pas de référence chez le chat, mais il suffit de les regarder évaluer un saut avant de le faire pour réaliser qu'ils ont une conscience claire de ce qu'ils peuvent faire et de ce qu'ils ne peuvent pas.

5. La théorie de l'esprit : sous ce vocable particulier ne se cache aucune théorie, mais la capacité à attribuer à un autre individu, de son espèce ou non, un état mental inobservable, comme une intention ou un désir par exemple. Cette attribution d'intention peut s'observer tous les jours dans la vie sauvage, dans la relation proie-prédateur, beaucoup moins caricaturale que ce que nous pouvons avoir en tête *a priori*. Des proies et des prédateurs peuvent s'abreuver à quelques mètres de distance parce que c'est l'heure de boire et non l'heure de chasser, et, à ce moment-là, la non-intention de chasser est claire. Comme souvent, la pathologie comportementale vient éclairer en creux cette capacité quand il y a altération ou abolition de cette capacité, comme dans le cas de Melly où l'état de déréalisation fausse la perception des intentions et attribue à tout l'environnement des projets hostiles.

6. La conscience de soi : depuis les recherches fondamentales de Gallup[15], inspirées des travaux de Piaget sur les étapes du développement, beaucoup d'espèces animales ont été invitées à passer le fameux test du miroir, un peu trop vite propulsé marqueur absolu de la conscience de soi.

Aujourd'hui, le monde scientifique s'accorde à en faire plus un test de reconnaissance de soi, et il devient facile à imaginer que, si ce test a de la valeur pour les espèces dont la vision a une importance majeure dans la reconnaissance, il n'a que peu d'intérêt chez les espèces à prédominance olfactive par exemple.

Vivre avec un chat, c'est faire l'expérience, maintes fois renouvelée, de le voir accorder de l'attention à son apparence, à son entretien et de ne pas pouvoir douter un instant, en observant l'ensemble de ses comportements, qu'il a une idée de lui dans le monde qui l'entoure.

Posez-vous ces six questions, et je serais bien étonné si vous en déduisez que votre chat n'a pas les caractéristiques d'un être conscient, sans confusion avec une conscience humaine sans aucun doute plus élaborée, plus symbolique et incluant une échelle de temps bien supérieure, mais sans exclusion d'une perception de sa vie, de son intégrité et de ses limites dans son environnement.

La curieuse coupure dans les circuits cérébraux félins

Olivier Jacqmot défriche donc la tractographie (voir p. 198) chez les animaux domestiques. Les premiers essais sont compliqués, que ce soit chez le chien ou chez le chat, mais petit à petit la technique se met en place et les premiers résultats commencent à apparaître. Le nombre de chats à qui la technique a été appliquée est faible : ils ne sont que six à avoir pu être étudiés. Tous ont présenté la même particularité : leur corps calleux, ce système qui permet la communication entre les deux hémisphères, semble scindé en deux parties, une antérieure et une postérieure. Nous sommes loin de connaître la signification de cette particularité anatomique ni même si elle existe chez tous les chats.

Si cela s'avère la réalité commune des chats, j'y verrai une confirmation supplémentaire de leur double nature, nécessitant la mise en œuvre parallèle de deux circuits : l'un veillant à l'intégrité de la proie, l'autre à l'efficacité du prédateur. Ce cerveau si particulier va nous demander sans doute beaucoup de temps pour le cartographier, le déchiffrer et le comprendre. Dès aujourd'hui, il attire notre attention et force notre respect ; comment imaginer que, dans sa diversité et sa complexité, il ne soit pas soumis à des risques de dysfonctionnement que nous commençons à peine à entrevoir. Peut-être faudra-t-il concevoir une psychiatrie très différente qui intègre la possibilité de souffrance de l'un ou de l'autre circuit ? Les états de déréalisation peuvent-ils concerner un seul des deux « cerveaux » ? Cette possible dualité est déjà connue chez les dauphins dont les deux hémisphères s'endorment à tour de rôle pour qu'il y en ait toujours un qui veille et assure le mouvement minimal pour respirer quand il le faut en surface. Nous avons déjà évoqué le cas de Tilikum, cette orque tueuse, possédant elle aussi deux hémisphères assez indépendants. Son trouble était-il lié à un seul hémisphère ou à la connexion entre les deux ? Voilà qui ouvre des perspectives vertigineuses de recherche, comme le montrent les chats du docteur Jacqmot.

Pour le moment, nous nous contentons de décrire ce que nous voyons et qui évoque des états de déréalisation marquée. Nous passons encore beaucoup trop de temps à combattre le scepticisme, parfois un rousseauisme naïf et réducteur, qui ne veut pas considérer la possibilité de pathologie mentale chez l'animal mais rejette toute la responsabilité sur l'homme.

Nous sommes là pour dire qu'il est temps maintenant d'avancer sur le chemin de la connaissance : nous devons aux chats, devenus nos compagnons majoritaires, de leur apporter les soins qu'ils méritent, nous devons hausser notre niveau de connaissance, établir des preuves, des repères solides, oublier ce que nous savons de l'humain et des autres espèces pour mettre notre médecine à leur service. Nous essayons de le faire au quotidien mais nous avons besoin de tous, de découvreurs comme Olivier Jacqmot, du soutien des écoles vétérinaires en France, du travail même avec les producteurs de médicaments psychotropes pour bâtir ensemble le corpus théorique qui nous permettra d'aller encore plus loin. Quand je dis cela, je mesure le chemin qui reste à parcourir pour promouvoir cette discipline qui a le bien-être pour objectif et la connaissance pour arme, mais par bonheur nous sommes de plus en plus nombreux à tenir le flambeau.

Pour finir de vous convaincre de la réalité de ces états de déréalisation, je convoque à la barre des témoins Hannibal, chat de maison au destin tragique.

Hannibal, une série qui finit mal…

Ce beau chat de maison gris et blanc aux yeux verts aurait pu ne jamais venir me consulter, et c'est peut-être cela encore aujourd'hui le plus étonnant.

Pour les besoins d'une émission, nous recherchions des chats aux histoires intéressantes, preuve s'il en est que leur présentation spontanée est encore beaucoup trop rare. Par le bouche-à-oreille dans un des centres hospitaliers vétérinaires où je travaille, voici donc sur ma table Hannibal. Je ne suis pas très étonné que son motif soit futile : une amie de sa propriétaire lui aurait marché sur la queue, ce qui aurait provoqué en retour une morsure sur le mollet. Je prévois déjà ce que je vais pouvoir dire pendant le reportage pour augmenter, dans le grand public, la connaissance du chat normal et qui n'a plus de secret pour vous à ce stade : les agressions par irritations reliées à la frustration, la faim, la douleur, l'absence de hiérarchie, l'importance de la sensibilisation, le respect du corps, l'aspect superflu et donc fragile de la relation, même si l'attachement est au cœur du développement du chaton. Si ma mission ce jour-là est de parler, la consultation n'est pas feinte, j'écoute donc Véronique qui me parle de son chat et je déroule le plan normal d'une consultation.

En même temps, j'ai disposé la caisse de transport sur la table et j'en ai ouvert le couvercle : Hannibal me regarde et se laisse caresser dans une indifférence plutôt amicale. Au bout de quelques instants de gratouillis, je vois le bout de sa queue qui bouge, j'interromps le contact, il se lèche un peu à l'endroit touché mais reste à la même place (il a tout loisir de sortir de sa caisse et d'aller explorer la pièce). Je recommence la manœuvre, l'agacement réapparaît, et j'insiste – sans violence – pour connaître à la fois son niveau de tolérance et l'intensité de sa réponse. Elle intervient moins d'une minute après, et il mord ma main avec autant de contrôle que j'essayais d'en mettre… je sens à peine le contact des dents, et, quand je cesse la manœuvre, il ouvre aussitôt la bouche, libérant ma main sur laquelle il n'y a aucune trace. Il donne ainsi plutôt la sensation d'un chat très adapté. Cela mérite d'aller un peu plus loin.

« Vous dites que votre amie lui a marché sur la queue ?

– Oui… enfin elle, elle dit que non… »

Je dresse l'oreille, intéressé…

« Ah bon et que dit-elle ?

– Qu'elle était sur le balcon à côté du chat. Elle a senti qu'il la fixait et elle dit qu'il s'est jeté sur son mollet, mais j'ai du mal à le croire. Il l'a quand même blessée très fort, plantant ses crocs et enlevant au moins un bout de peau.

– Ah oui, tout de même ! Il y a eu d'autres épisodes du même type ?

– Oui, avec elle d'ailleurs aussi une autre fois.

– Racontez-moi…

– Quinze jours après cette première morsure, elle est revenue et nous parlions sur le canapé… Hannibal, qui passait dans la pièce, s'est arrêté, a fixé mon amie et s'est dirigé vers elle… il lui a sauté dessus et l'a mordue au ventre, déchirant son t-shirt et arrachant au passage un bout de peau, et puis il s'est retourné sur son bras, l'a attaquée vraiment fort, emportant tissu, peau et même un bout de muscle…

– Oh, mais ce n'est plus du tout du même problème que nous parlons… Ces attaques sont très bizarres… il y en a eu d'autres ?

– Vous le croirez ou non, mais mon amie n'est pas revenue, dit Véronique dans un sourire.

– Je m'en doute un peu. D'autres attaques sur d'autres personnes ?

– Oui, trois semaines après cette crise sur cette amie, une autre est venue à la maison… Je me méfiais. Hannibal n'a présenté ces séquences jusque-là qu'avec des femmes. Soudain j'ai vu son regard changer… J'ai juste eu le temps d'attraper mon amie par le bras et de l'entraîner sur le balcon, et Hannibal nous a foncé dessus. Il attaquait la vitre et paraissait hors de lui. J'avais pris mon téléphone portable, j'ai pu joindre mon compagnon qui est arrivé en habit de motard, avec les bottes et les gants, et nous avons pu ensemble enfermer Hannibal dans une pièce.

– Vous avez dû avoir très peur…

– À ce moment-là, j'ai surtout pensé à l'autre personne, mais, après coup, je me suis dit que, si je m'étais interposée, il ne m'aurait pas épargnée. »

Nous avons beaucoup parlé du travail d'empathie avec le chat, et il est important, mais il ne faut pas oublier les émotions des propriétaires. Pour Véronique, nul doute que la scène a été très choquante, sans même parler de ses deux amies. Depuis ce jour, le chat était enfermé chaque fois qu'une connaissance féminine venait dans l'appartement.

Loin de l'émission en cours, me voilà happé par ce cas dont je pressens toute la portée.

Je commence à évoquer l'hypothèse d'une affection psychiatrique chez Hannibal et je sens la résistance chez celle qui est une cliente de hasard.

Elle venait presque pour nous faire plaisir et voilà que nous lui parlons de folie... avouez que cela a de quoi déranger.

Je la laisse s'habituer à l'idée et je suis d'autant plus prudent que, pour moi aussi, c'est loin d'être une certitude même si le faisceau de présomptions est tout de même fort.

Après avoir fait le tour de toutes les grandes fonctions d'Hannibal, je peux dresser un tableau clinique d'un chat normal, sauf dans les épisodes agressifs. Pas d'anxiété dans ce cas, pas de déficit d'autocontrôles mais bien un état de déréalisation massif quand la crise frappe.

Je propose à la propriétaire un traitement associant une molécule et de la thérapie comportementale. La sélégiline – le nom de la molécule du E828 C déjà utilisé pour Nougatine – est notre première ligne d'attaque dans ces cas tout en sachant que (et c'est mon hypothèse la plus forte), si c'est un syndrome dissociatif, l'équivalent pour nos carnivores d'une schizophrénie humaine, elle ne sera que peu ou pas efficace.

Une thérapie comportementale adaptée va faire intervenir :

– une lecture précise des signaux de menace qui peuvent être assez subtils pour se mettre en sécurité ;
– une redirection des attaques sur des objets acceptables, quand c'est encore possible ;
– parfois un effet disruptif avec, par exemple, un pulvérisateur pour les plantes.

Tout cela ne fonctionne plus quand la crise a démarré et que le chat entre dans une fureur « folle » : plus rien ne peut alors l'arrêter. La première des mesures est donc d'assurer la sécurité des visiteurs, et encore plus des visiteuses, en ne les laissant pas en contact avec Hannibal le cannibale.

Nous avons beaucoup communiqué avec Véronique dans les mois qui suivirent cette consultation.

Tout d'abord autour du diagnostic : la propriétaire du chat, son compagnon, personne ne se faisait à l'idée qu'Hannibal puisse être « fou », et beaucoup de leurs amis évoquaient le fait que c'était peut-être le vétérinaire qui était atteint de maladie mentale.

Dans ces cas-là, je ne m'oppose pas, j'attends… Si je me suis trompé, et cela m'arrive avec une certaine fréquence, eh bien, tant mieux pour l'animal et je préfère avoir prévu le pire. Dans le cas d'Hannibal, la récurrence des crises a fini par convaincre Véronique que son chat présentait les symptômes décrits dans son diagnostic.

Le traitement ensuite : il y eut au début la crainte que la molécule que je donnais pour une maladie aussi redoutable ne soit elle-même dangereuse et qu'elle ne finisse par « ronger le cerveau » du malheureux animal. Il est assez facile pour moi de rassurer avec ce produit : outre son effet régulateur de l'humeur, il présente une grande sécurité d'emploi et est même protecteur des neurones.

Si le produit est sûr, il n'existe que sous une forme prévue pour les chiens, et ce sont de gros comprimés qui représentent un vrai défi à administrer aux chats. Cela est venu ensuite compliquer l'affaire : pour le coup, Hannibal a réagi comme tous les chats. Le premier jour, donner le comprimé n'a pas été facile, le deuxième, ce fut compliqué, et le troisième jour, c'était devenu impossible… toujours à cause de ce phénomène de sensibilisation.

Véronique s'en plaignait : Hannibal la fuyait et il était très inquiet, elle le trouvait très nerveux. Il menaçait son compagnon mais sans donner de coups de griffes et sans mordre, il semblait en avoir peur et changeait de pièce.

Lulu était une petite chatte tricolore qui vivait avec le couple. Quand Hannibal a commencé son traitement et qu'il a changé, Lulu est devenue inquiète, anxieuse même au point de se lécher assez fort pour commencer à s'arracher les poils. Une question de vases communicants sans doute…

Petit à petit, Véronique a mesuré la gravité du cas d'Hannibal : j'ai reçu des comptes rendus détaillés, et, si les attaques étaient impressionnantes, les phases de terreur inexpliquée étaient tout aussi bouleversantes. Soudain, ce malheureux chat était soumis à une vision ou à une odeur terrifiante et à laquelle il ne pouvait échapper même en allant se réfugier au fond de l'armoire ou sous le lit.

Parfois un calme trompeur pouvait faire oublier la menace : des semaines pouvaient passer sans accident et sans terreur. Et puis de nouveau un épisode très inquiétant survenait. Comme ce jour où une amie est venue, a pu caresser Hannibal qui soudain l'a fixée, et Véronique n'a eu que le temps de l'enfermer. Un jour, c'est sa mère qui a failli être attaquée et elles ont eu toutes les deux très peur. De frayeurs irrationnelles en attaques imprévisibles, la vie d'Hannibal et avec Hannibal était une succession d'émotions fortes et de déceptions.

Mais Véronique et son mari s'accrochaient encore à un espoir : ils vivaient en appartement et pensaient, comme beaucoup de personnes, que cet enfermement pouvait être en partie au moins responsable de l'affection du chat. Ils prévoyaient de déménager et attendaient ce moment avec impatience. Les premières semaines de vie avec accès à l'extérieur pour le chat ont semblé leur donner raison : tout se passait mieux, et je reçus un e-mail enthousiaste. Hannibal acceptait tout et tout le monde, il se laissait même caresser par des quasi-inconnus, et Lulu semblait aussi apaisée. Et puis, après quatre semaines de plaisir partagé, un jour, alors que Véronique se préparait pour un voyage, elle vit Hannibal rentrer, les yeux dilatés, l'air furieux, et sauter sur la pauvre Lulu, qui en fut terrorisée au point de se faire pipi dessus. La miction émotionnelle est le degré ultime de l'expression physique d'une émotion intense. Lulu hurlait et quand Véronique voulut s'interposer Hannibal l'attaqua alors. Elle n'eut que le temps de se réfugier sur un balcon, le chat attaquant la vitre.

Ce jour-là, elle a eu si peur qu'ensemble, avec son mari, ils ont pris l'« horrible décision », comme elle me l'a écrit, « d'endormir Hannibal ».

Dans un cas comme celui-ci, c'est une annonce que nous redoutons mais que nous attendons presque tous les jours : comment vivre avec une grenade dégoupillée à la maison ? Il n'y a aucun jugement de ma part, juste une grande tristesse, l'impression de trahir malgré moi le serment de Bourgelat.

Hannibal, c'est une série qui finit mal parce que aujourd'hui nous n'en savons pas encore assez, que nos moyens sont limités et que nos médicaments sont insuffisants pour soulager la terrible souffrance de ces chats enfermés dans leur propre cerveau.

Mon souhait, en vous présentant ce cas, c'est d'ouvrir un chemin pour que demain nous soyons plus nombreux à vouloir et à savoir soigner et alléger les souffrances de ces quelques chats fous.

Pour cela, il faut que la connaissance des maladies mentales des autres animaux – et des chats en particulier – progresse et que tous les acteurs professionnels prennent leur part dans la transmission du savoir aux étudiants et au grand public.

CHAPITRE 5

Chat icône et lanceur d'alerte

« Le temps passé avec un chat n'est jamais perdu. »

COLETTE

Pour finir ce tour d'horizon de la pathologie comportementale et de notre rapport avec le chat, il me paraît important de montrer à quel point notre compagnon félin, sans le vouloir la plupart du temps, nous pose les questions fondamentales sur notre rapport avec les autres animaux, mais aussi parfois entre humains, et nous engage à y réfléchir de manière approfondie. Pris à témoin dans beaucoup des polémiques de notre temps, nos amis les chats nous donnent comme toujours une réponse décalée.

Avec eux, pour finir notre voyage initiatique, essayons de répondre à quatre questions dont nous allons voir qu'elles repoussent les limites de notre sujet mais qu'elles en conservent le point initial, à savoir le chat témoin ou icône de notre temps.

- Peut-on encore à notre époque séparer l'équilibre comportemental et l'équilibre physique ?

• Quel est notre rapport à l'autonomie des êtres vivants dont nous avons la responsabilité, dont nous nous occupons et que nous aimons ?

• Comment envisageons-nous le vieillissement, la fin de vie, les limites de soins qui nous paraissent acceptables pour nous et pour nos animaux de compagnie ?

• Que nous disent les chats de l'évolution de notre société dans son rapport à l'autorité, à la hiérarchie, à l'éducation ?

Une seule santé, un seul bien-être

Notre première question « Peut-on encore à notre époque séparer l'équilibre comportemental et l'équilibre physique ? » ne devrait plus se poser, mais je suis bien placé pour savoir que le chemin est encore long pour que tous les acteurs, les humains vivant au contact de leurs chats, les vétérinaires, les éleveurs, soient tous convaincus qu'il ne peut pas y avoir de séparation entre les deux. Il faut par ailleurs se garder de l'excès inverse et ne penser qu'à travers le prisme de la relation entre le corps et l'esprit.

Il ne faut pas oublier cette zone grise entre troubles du comportement et troubles organiques, entre influence de l'habitat et expression d'un mal-être. Notre espèce féline domestique est un emblème de ces questions et les réponses de nos compagnons félins ne laissent pas de surprendre.

Depuis longtemps, nous défendons l'idée de la nécessité, qui aujourd'hui s'impose, d'« une seule santé ! » qui s'étend même jusqu'à un seul bien-être selon le slogan de nos confrères anglo-saxons « *One health, one welfare* ».

Outre l'effet de mode, il y a dans ce concept l'idée d'une interdépendance entre la santé physique, l'équilibre comportemental, la collaboration entre les espèces et l'intégration dans un environnement harmonieux et protégé.

Un virus presque en commun

La pandémie est venue rappeler au monde que l'être humain pouvait être l'hôte de virus circulant chez d'autres espèces. Mon plus grand étonnement fut la surprise que cela a semblé provoquer. De nouveau, comment ne pas faire référence à Baptiste Morizot[1] qui nous engage à ne pas parler de la Nature comme d'une entité qui nous serait extérieure et à faire attention à ne jamais dire *les animaux* mais *les autres animaux* dans une affirmation répétée et volontaire de notre communauté du vivant. Nul doute que, si tout le monde appliquait cela, des journalistes aux politiques, personne ne trouverait bizarre qu'un virus passe d'un animal à l'autre. 70 % des maladies infectieuses sont des zoonoses (des virus ou des bactéries passent la barrière des espèces soit par voie directe, soit par des vecteurs – souvent aussi d'autres animaux comme des insectes), et j'imagine que les 30 % restants circulent entre les humains, ce qui est une autre forme de zoonose. Nous n'avions plus cette notion dans nos sociétés occidentales où les causes majeures de décès sont la plupart du temps des maladies non transmissibles (diabète, cancers, obésité, etc.), il a fallu l'irruption d'un coronavirus, dont nous ne savons pas encore s'il nous vient d'un pangolin, d'une chauve-souris ou d'un laboratoire imprudent, pour nous rappeler que nous étions solidaires aussi entre animaux pour la transmission virale. La pandémie nous a d'ailleurs rappelé que nos animaux de compagnie étaient aussi soumis au risque de contamination par les humains, et certains félins ont été contaminés et ont attrapé le Covid. Nos chats domestiques bien sûr, mais aussi certains grands félins dans les zoos[2], comme les tigres et lions du Bronx. Cet article du journal *Le Monde* citait aussi le cas d'un chat en Belgique et de chiens à Singapour. Depuis, des recherches scientifiques ont eu lieu[3] montrant à la fois la vulnérabilité des chats au virus et leur capacité quasi nulle à le diffuser. Quelle chance ce fut pour eux : peu d'abandons, beaucoup d'adoptions, même si la liberté retrouvée des humains a de nouveau rempli les refuges.

Pif, le chat

S'il fallait un argument de plus pour montrer à quel point les autorités, à la fois politiques et scientifiques, ne sont pas assez convaincues du destin commun du vivant, il suffit de regarder quel retard il y a eu en France à inclure les laboratoires départementaux vétérinaires pourtant experts dans la détection des coronavirus. Il a fallu aussi un an pour qu'un vétérinaire soit intégré au conseil scientifique[4] destiné à orienter les prises de décision, alors que nous avons une réelle expertise dans la lutte contre les épidémies, et en particulier au sujet des coronavirus. Il faut dire que de nombreuses maladies sont déclenchées par ces virus et que les vétérinaires ont l'habitude de les dépister et savent à quel point il est difficile de les soigner[5].

Bronchite infectieuse chez les volailles, diarrhée épidémique, gastro-entérite transmissible ou coronavirus respiratoire chez les porcs, troubles digestifs chez les jeunes chevaux et les bovins, sans oublier la redoutable PIF (péritonite infectieuse féline) qui atteint les chats, en tue certains et altère la qualité de vie de beaucoup d'autres.

Les vétérinaires avaient sans nul doute beaucoup à apporter, mais pour y penser tout de suite il ne fallait pas être dans cet anthropocentrisme qui imprègne encore la pensée de la majorité de nos décideurs.

C'est enfin au nom d'une vision « One Health » que le vétérinaire fut invité à la table des conseilleurs. Réjouissons-nous de la prise de conscience et espérons qu'elle servira de leçon pour ne pas reproduire cette erreur en cas de nouvelle épidémie.

Simple Minds

Parfois, les choses sont beaucoup plus simples, et les chats peuvent avoir des comportements indésirables, non pathologiques, n'évoquant pas la folie mais, au contraire, des tentatives de rétablir l'harmonie dans leur monde.

Nous avons vu avec Choupette qu'un simple changement de litière peut sembler bouleverser la nature d'un chat : cet exemple montre à quel point les chats sont les champions de « Une seule santé, un seul bien-être ». Un déménagement, l'arrivée d'un enfant sont des changements assez importants pour que tout le monde se méfie de leur retentissement possible sur l'équilibre félin, mais un meuble déplacé, un bagage déposé dans une entrée paraissent négligeables. Cela peut pourtant suffire à rompre l'équilibre.

Voici le rappel de quelques comportements indésirables que nous avons croisés au cours de notre visite guidée et qui, à l'aune de la nouvelle vision de nos chats que nous avons acquise ensemble, ne devraient plus être vus du même œil.

Autant ils peuvent s'inscrire dans le diagnostic des maladies que nous avons décrites (biotopathies, schézipathies, etc.), autant ils peuvent aussi être isolés, ne signifiant alors souvent rien d'autre que la volonté du chat de rétablir un équilibre dans son monde ou être l'expression d'un contresens culturel entre eux et nous.

Freddy le griffeur

Si votre chat griffe un endroit que vous aimez bien, qu'il vous observe du coin de l'œil et s'enfuit dès que vous vous approchez pour le gronder, n'y voyez pas malice. Il vit avec vous et vous connaît encore mieux que vous ne le connaissez. Il est juste en train de faire ce qu'il a à faire pour organiser son milieu de vie, ce comportement lui est indispensable, mais il a appris que votre réaction peut être négative et il anticipe. Si vous ne le punissez pas de manière douloureuse ou effrayante, cela peut rester stable pendant longtemps et vous donner l'impression que votre chat se moque de vous… Il essaie juste de combiner ses nécessités et vos exigences, il ne vous provoque pas, il cherche le chemin étroit qui rend la cohabitation possible. Si vous vous mettez à sa place, si vous comprenez ce qu'il essaie de faire en lui permettant de le faire à un endroit très proche (ce n'est pas la peine de mettre un griffoir au fond des toilettes, il ne s'en servira pas…) tout en rendant l'endroit que vous voulez protéger impropre à la griffade, vous lui permettrez de retrouver une harmonie à laquelle il aspire bien plus qu'au défi que vous imaginez !

La possible erreur vient du malentendu : vous pensez qu'il veut « faire ses griffes » et si, bien sûr, les chats ne dédaignent pas d'épointer leurs ongles en faisant disparaître la partie morte, ce n'est pas le moteur principal de ce comportement. Sinon, il n'y aurait aucune difficulté à le déplacer loin du canapé ou du fauteuil, Minou accepterait sans souci d'aller griffer plus loin… mais là, c'est le lieu qui compte autant que l'action ! Si vous ne le saviez pas, vous l'avez appris dans le chapitre consacré au lieu de vie (voir p. 73), sanctuariser son champ d'isolement est un point essentiel dans la vie de beaucoup de chats, mais pas de tous…

Pour de nombreux chats, il est encore temps : ne les punissez pas, comprenez-les, aménagez leur espace, et la paix reviendra.

Comment le dissuader de faire ses griffes

Un bout de ruban adhésif double face transparent à l'endroit griffé, ou une couverture de survie, peut rendre l'endroit visé inconfortable pour le chat, et, à ce moment-là, la mise à disposition juste à côté d'un griffoir agréable (avec par exemple une corde enroulée plutôt en longueur) a toutes chances d'être efficace.

Coquine la mordeuse

Toute morsure n'est pas agression. Chez le chat, c'est parfois synonyme de plaisir, voire de passion. Vous vous souvenez sans doute d'Isis qui nous a accompagnés pendant une partie du chapitre 3. Les premières morsures n'étaient pas des séquences agressives mais intervenaient dans des moments de câlin très intenses. La morsure alors prodiguée comme un signal d'excitation était mal interprétée et avait donné lieu à des punitions qui avaient aggravé la situation. Il est très rare d'avoir, chez le chat, comme seule manifestation d'agression la morsure. Le plus souvent, les morsures sont accompagnées, précédées de menaces, patte en l'air, oreilles en arrière, voire de coups de griffe quand cela ne suffit pas à tenir à distance la menace ressentie. Les chats, en tout cas les chats « normaux », cherchent davantage à éviter le conflit qu'à le provoquer. Cela dit, en affirmant cela, je repense à Tacos, un chat vu en consultation, adorable pour les humains avec qui il vivait mais « détestant » le voisin au point de ne pas hésiter dès qu'il le voyait à se faufiler sous la clôture et à s'avancer très menaçant vers celui qui était pourtant chez lui. Si la menace n'était pas assez claire, et comme il y avait eu plusieurs tentatives de riposte de l'humain défendant son territoire, Tacos n'hésitait pas à lui foncer dessus et à le mordre fort au mollet s'il arrivait à l'attraper. Tout le voisinage s'en était ému, et une pétition avait même été adressée à la mairie qui avait pris l'affaire au sérieux. C'est d'ailleurs un des cas où nous n'avons pas eu à mettre en place un traitement, les propriétaires de Tacos ont préféré l'envoyer à la campagne chez la sœur de monsieur qui possédait plusieurs hectares. Rien ne dit qu'un voisin n'a pas subi les foudres de ce chat qui n'aimait pas l'opposition.

Le plus souvent, quand les morsures sont isolées, il faut aller voir ailleurs que dans l'agression pour comprendre le comportement. Jeu incontrôlé, plaisir trop fort, réponse à une excitation, la séquence de morsure, douloureuse, surprenante pour l'humain qui en est la cible, ne mérite pas toujours l'interprétation qui en est faite.

Danae la malpropre

Rappelons aussi que, parce que l'équilibre de leur lieu de vie est primordial, les chats peuvent, à l'occasion d'incidents mineurs, perdre ce qui est pensé comme une caractéristique immuable de leur espèce : leur propreté, le fait de faire tous les besoins dans la ou les caisses d'élimination ou bien à l'extérieur, et que, comme cela a été rappelé à l'occasion de Choupette et d'autres, la première clé est de repérer si ce qui est produit est un comportement d'élimination ou de marquage (voir p. 61).

Danae est une chatte qui paraît assez détendue et pourtant son marquage urinaire est presque quotidien depuis un mois. Il y a eu bien peu de chose… un nouveau guéridon dans l'entrée, peut-être deux repas avec des amis : Danae a commencé à marquer, a été grondée mais sans sévérité excessive, et, alors qu'elle semblait en équilibre très stable, la voilà qui marque et qui commence à montrer des signes d'état dépressif sans que cela puisse être encore diagnostiqué de manière certaine. Nous sommes au stade de la prévention de niveau 2 (il y a déjà des signes mais pas assez pour établir le diagnostic). Vite, expliquer, décoder le comportement du chat, ouvrir les portes d'entrée de son cerveau pour que personne n'y voie malice mais que tous se rendent compte de la souffrance. Ainsi fut fait pour Danae qui a pu récupérer son équilibre en quelques semaines ; mais, pour un chat qui vient consulter, enfin dont les humains responsables prennent la décision de consulter, combien vont sombrer dans un état dépressif chronique ?

Au-delà de ces comportements simples, réversibles dans les premiers jours ou les premières semaines, plaintes classiques de propriétaires excédés – et cela peut se comprendre –, les chats sont aussi des grands champions de la démonstration des liens étroits entre équilibre psychique et santé physique. Ils nous rappellent avec Damasio[6] de ne pas faire l'erreur de Descartes. Les émotions influent sur notre organisme, et les événements du corps ont une répercussion importante sur le psychisme.

C'est un aspect très fréquent dans notre pratique qui devrait éclairer beaucoup de maladies pour permettre de mieux les appréhender, mais cela voudrait dire aussi que les décideurs de l'enseignement acceptent une vision un peu différente.

Moon, le chat qui s'arrachait les poils en consultation

Un cas m'a marqué et a fait évoluer notre pratique. Il remonte à plus de vingt ans. Ce jour-là, en consultation, je rencontre Moon, un chat gentil, doux mais qui présente des prises de contact anormales avec son corps et s'arrache les poils. Nous avons vu avec Melly que cela pouvait être un signe de maladie psychiatrique grave, mais ce n'est pas le plus courant. Dans la grande majorité des cas, cette attitude signe un état d'anxiété permanente et inhibée. Les vétérinaires croisent sur leur table de consultation de nombreux chats dont l'embonpoint est trop important et qui n'ont plus de poils sur le ventre. Si, en règle générale, des conseils sont prodigués sur l'importance de faire maigrir l'animal, le lien est encore peu fait entre ces deux manifestations très classiques d'anxiété : léchage compulsif et boulimie.

C'est parfois même une surprise pour le propriétaire de découvrir une très grande zone ventrale sans poils. Les chats se lèchent en silence et souvent dans un moment où ils ne sont pas sous la surveillance de leurs humains. Il n'y a donc pas de raison majeure pour beaucoup de personnes vivant avec les chats de se rendre compte de la perte des poils. Cette *alopécie extensive féline,* comme elle est parfois nommée, a plusieurs origines (les puces, pensez aux puces !), mais sa localisation ventrale, symétrique, avec parfois une extension à la face interne des deux cuisses, doit aussi faire penser à un léchage compulsif d'origine anxieuse. Chez Moon, les modalités sont bien différentes : il ne se lèche pas dans le secret de son champ d'isolement, il ne le fait pas la nuit quand les humains se reposent. Il le fait tout le temps et il attrape des touffes de poils sur le côté, les tire de toutes ses forces et peut ainsi les arracher. Il le fait même en consultation, ce qui est rare. Les chats s'inhibent, agressent ou sont calmes en consultation, mais, dans mon expérience, aucun ne se sent assez à l'aise pour considérer mon bureau comme un champ d'isolement lui assurant la sécurité pour exprimer un comportement le rendant vulnérable. J'observe Moon arrachant ses poils, m'étonnant même qu'il en reste autant… et je mène l'enquête : je cherche toutes les causes que nous avons déjà vues ensemble et qui peuvent altérer l'équilibre émotionnel d'un chat. Son lieu de vie est bien constitué, il n'y a rien à redire sur la fréquence d'alimentation, ses champs d'élimination sont repérés et stables. Le constat établi que rien d'externe ne peut le déséquilibrer, alors il faut se souvenir que l'anxiété peut avoir des causes environnementales mais aussi des racines internes. Aucun parasite n'a été trouvé chez Moon, ni interne ni externe. Soudain, je pose la question du statut viral à la consœur référente chez qui je consulte. Le chat est vacciné contre la leucémie, l'autre virus de la leucose féline, mais qu'en est-il du FIV ? Le FIV* est un virus de la même famille que celui du HIV, même si – il faut le réaffirmer avec force – il n'y a aucune confusion possible et aucune contamination croisée. Il affaiblit les défenses immunitaires, expose les chats aux infections, mais, dans les descriptions cliniques, les modifications comportementales sont rarement citées. Le tableau clinique est très peu évocateur – le léchage compulsif n'est pas décrit dans cette maladie –, mais, l'équilibre général étant atteint, cela vaut le coup de vérifier ! Le temps d'une prise de sang et d'un test rapide, et le résultat tombe : Moon est bien infecté par le FIV. Il faut se garder de faire trop vite le lien entre l'infection et ce signe clinique, mais, en tout cas, son comportement anormal a permis de le dépister, de le prendre en charge et de veiller à limiter la contamination. Moon, comme tant d'autres chats, est une preuve de plus que l'équilibre comportemental ne peut pas se juger en dehors d'une appréciation exhaustive de l'état physique et qu'il faut connaître toutes les intrications organiques et psychiques pour faire une bonne consultation de comportement. C'est donc le rôle des vétérinaires d'augmenter leurs connaissances pour ajouter à leur arc diagnostique la corde des changements de comportement.

C'est comme cela que nous avons accepté l'idée d'un de nos étudiants, pour son mémoire de vétérinaire comportementaliste, de se pencher sur les répercussions de l'infection au FIV sur le comportement des chats atteints.

* Feline Imunodeficiency Virus.

Troubles comportementaux et infections

Peu d'articles avaient exploré ce lien. Parfois certains troubles de l'humeur étaient notés, de l'agressivité mais sans réelle sémiologie comportementale.

Un seul article a exploré le lien entre infection et comportement, mais dans des conditions expérimentales avec une injection intraveineuse d'une haute dose de virus sur des chatons de 8 semaines[7]. Dans la vie réelle, la contamination se fait plutôt entre adultes, par morsure ou par contact sexuel. L'étude a montré un déficit d'apprentissage chez les six chats avec une mémorisation de moins bonne qualité (plus d'erreurs faites dans des tests simples de reconnaissance spatiale de découverte de nourriture, le fait de revenir à un endroit déjà exploré sans succès). Dans la vie sauvage, ce genre d'« oublis » peut coûter très cher si la zone revisitée héberge un prédateur.

Pour son mémoire, notre étudiant a exploré 30 chats atteints de FIV et les a comparés à 30 chats testés négatifs mais ayant présenté des symptômes pouvant évoquer cette maladie[8].

Cela constitue déjà une belle série !

Les résultats sont nets : les chats atteints de FIV présentent plus de troubles comportementaux que les chats indemnes. Les grandes vulnérabilités sont retrouvées : il y a ainsi plus de malpropreté mais aussi plus de troubles cognitifs, qui confirment ainsi les données expérimentales. Un élément marquant était la diminution considérable des épisodes de rêve chez les chats infectés. Nous avons vu précédemment toute l'importance de la nécessité de rêver et encore plus chez notre félin domestique dont la double nature exige encore plus de rangement des événements quotidiens, classification rendue possible par l'activité onirique. Cela explique sans doute en partie chez les chats séropositifs une instabilité de l'humeur et la présence d'épisodes agressifs peu prévisibles et mal expliqués par les propriétaires.

Moon m'avait montré la voie, et les articles et le mémoire sont venus confirmer ce que nous devrions tous avoir en tête : c'est une erreur, aujourd'hui je dirais volontiers que c'est une faute, de ne pas considérer l'individu dans son ensemble.

Nous avons souvent l'impression de ne pas être entendus. Par bonheur pour les chats, de temps en temps, un professeur de médecine vétérinaire de renommée internationale dont la crédibilité ne peut être mise en cause, qui n'est pas un vétérinaire psychiatre bizarre, va dans le sens de l'unité corps-psychisme et nous permet à tous de progresser. C'est ce qui s'est passé à propos de la cystite idiopathique des chats.

Kita, à souffrance intermittente

Les chats sont sujets à des épisodes de cystite très douloureux. Cette inflammation de la vessie déclenche des envies pressantes avec parfois très peu d'urine à éliminer. Chaque miction est douloureuse, parfois il y a même du sang. Kita est un souvenir qui remonte à mes années de pratique généraliste : avant d'être psychiatre, j'ai été pendant quinze ans un vétérinaire praticien « normal » qui recevait chiens et chats dans sa clinique de Toulon. Je m'intéressais déjà au comportement des chats et j'avais été très sensible à la souffrance de Kita, petite chatte siamoise, et à la façon dont elle l'exprimait. Deux ou trois fois par an, Kita faisait des épisodes de cystite, et sa propriétaire en était tout de suite avertie : cette petite chatte, d'habitude très propre, s'installait dans ces moments-là dans l'évier ou dans le lavabo, devant elle, et laissait échapper quelques gouttes d'urine teintée de sang comme pour prévenir sa maîtresse. Ce comportement, je l'ai ensuite entendu raconter trop souvent par de trop nombreux maîtres de chat pour penser qu'il est fortuit. Les chats adressent un message, c'est certain, ils demandent de l'aide, c'est probable.

Quand nous faisons des analyses, elles sont bien souvent décevantes, révélant une urine stérile, sans bactéries, signature d'une infection mais aussi sans cristaux ni calculs. C'est pour cela que cette cystite est nommée idiopathique, pour souligner que la cause n'est pas connue. Tout traitement fonctionne, l'absence de traitement ou la patience fonctionne aussi, et le défi n'est pas de faire passer la crise qui dure quelques jours et connaît, en principe, une résolution spontanée, mais bien d'espacer les épisodes au cours de l'année.

C'est là qu'intervient un vétérinaire universitaire américain de médecine, Tony Buffington de l'Université de l'Ohio, qui va révolutionner le petit monde de la médecine interne vétérinaire en affirmant que ces cystites sont aussi la conséquence de phénomènes anxieux et qu'il faut prendre en considération les événements stressants de la vie du chat, surtout dans sa période de développement[9].

Cela a changé, je crois, la conception de beaucoup de confrères qui jusque-là ne s'étaient jamais intéressés au versant psychologique de leurs patients.

De plus, Tony Buffington et son équipe vont théoriser que, les raisons de la cystite idiopathique incluant le stress, sa prise en charge ne pouvait pas être que médicale mais être *a minima* écologique et prendre en compte l'habitat du chat. Buffington a ainsi formalisé une méthode de modification multimodale de l'environnement et en a démontré sa meilleure efficacité comparée à un traitement classique basé sur des antibiotiques et des protecteurs de la vessie[10].

Enfin, pourrions-nous dire, cela va ouvrir la voie à une médecine holistique ou à la nécessité évidente d'une prise en charge globale. Buffington, dans un article récent, résumant plus de vingt ans de recherche, porte un regard global, cite la recherche génétique en psychiatrie mais – et cela reste un mystère douloureux pour moi – ne fait jamais le pont avec une possible psychiatrie féline[11]. Il choisit de parler d'équilibre entre le système central de réponse au stress et le système de contrôle, et va même inventer une nouvelle maladie, « le syndrome de Pandore[12] », pour regrouper toutes les causes qui peuvent déboucher sur des symptômes de cystite idiopathique.

J'ai beaucoup de gratitude pour le travail de Buffington qui a permis de remettre l'unicité de chaque individu, les liens entre environnement et santé, entre stress et maladie organique, au centre de notre médecine vétérinaire. Toutefois, cela ne peut s'accompagner que de l'immense regret qu'il ne soit pas allé jusqu'à une vision complète de notre félin domestique incluant la possibilité de souffrance, de maladie mentale, bref, de psychiatrie. Pourtant, cet article qui synthétise des années de recherche de celui qui est aujourd'hui professeur de clinique médicale à l'Université vétérinaire de Californie (UC Davis) est cosigné par une professeure de médecine du comportement, mais outre-Atlantique le terme psychiatrie fait encore peur. Cela est en train de changer avec la nouvelle génération. Il y a quelques années, une consœur américaine a ainsi intitulé son exposé au congrès mondial* « Pot-pourri de cas de psychiatrie vétérinaire[13] ». Un confrère à la culture cosmopolite, Slovaque ayant fait ses

* Congrès mondial de la WSAVA (World Small Animal Veterinary Association).

études en Slovaquie, puis en Israël, puis au Canada, membre du Collège américain des vétérinaires comportementalistes et du Collège européen de bien-être animal et de médecine du comportement, a publié en 2020 un livre dont le titre, *Psychiatrie vétérinaire des animaux de compagnie*, fait enfin référence à ce mot de psychiatrie qui ancre notre discipline dans une approche médicale[14].

Je ne doute pas que, quand les ennemis de l'évidence auront pris leur retraite, la psychiatrie vétérinaire prendra sa place au niveau mondial et que nos confrères américains ne manqueront pas de venir nous en raconter l'importance. Ce qui compte, c'est que, enfin, les autres animaux, et au premier rang desquels ceux avec qui nous partageons notre habitat, soient considérés dans leur totalité avec une santé physique dont les vétérinaires s'occupent depuis longtemps et un équilibre mental dont nous ne sommes encore qu'une poignée à promouvoir l'importance, mais qui est à l'aube d'une prise en charge correcte.

En tout cas, ces quelques exemples de comportements indésirables mais qui ne signent pas toujours la pathologie et ces deux exemples de médecine globale, l'un alliant virologie et médecine du comportement, l'autre urologie et psychiatrie, nous montrent à quel point l'importance prise par l'espèce féline dans nos cliniques vétérinaires nous a obligés à mieux prendre en compte cette notion de médecine globale.

Une douleur, une sensation de faiblesse, une peur démesurée, et tout l'équilibre subtil peut se défaire, et la vie, devenir compliquée. Les chats nous rappellent à quel point une vie heureuse est fragile et mérite toute notre attention.

Nos chats sont aussi les icônes d'un certain bien-être et à ce titre sont souvent pris à témoin dans des polémiques. En en parcourant certaines, nous verrons qu'ils sont parfois pris en otage dans ces controverses, sans que leur avis ne soit écouté avec attention.

Du mauvais côté de la porte[15]

Avons-nous le droit de leur imposer, par exemple, une vie sans accès à l'extérieur ? Est-il éthique de les stériliser de façon systématique quand tous les travaux sur le bien-être montrent l'importance du domaine de la sexualité dans l'épanouissement de l'individu ?

Hector n'aime pas aller dehors

Il s'appelle Hector et il a pris une grande place dans la vie de ce couple qui vient me voir en consultation, un peu désespéré.

Pourtant Hector va bien, enfin il ne va pas mal, mais écoutons plutôt Rebecca.

« Nous vivions en appartement avec Hector et cela n'était pas conforme à nos valeurs. Nous voulons offrir le meilleur à notre chat et il nous paraissait très important qu'il puisse sortir.

– En plus, c'était un projet de vie pour nous aussi : nous voulions avoir un extérieur, être plus en contact avec la nature. Mais Hector est sorti une fois, pas très loin, une première fois avec nous. Il est sorti ensuite seul, est revenu comme s'il avait vu le diable en personne et n'a plus jamais voulu sortir.

– Parfois la porte est-elle laissée ouverte ?

– Bien sûr, dès que les beaux jours arrivent… il s'assoit sur le perron et fait quelques pas à l'extérieur puis rentre vite. Il ne profite pas du tout du jardin.

– D'accord, nous allons apprécier ensemble l'équilibre comportemental d'Hector et voir ce qu'il en est. »

Dans cette situation, dans ma tête de vétérinaire psychiatre, je suis une hiérarchie des priorités : est-ce que l'animal va bien ? est-ce que ses besoins sont satisfaits ? son bien-être est-il optimal ? y a-t-il une façon de diminuer la déception des humains qui accompagnent le chat en générant le comportement absent, ici la sortie dans le jardin ?

Mon focus de vétérinaire est toujours sur l'animal, et cela est juste normal, mais il paraît judicieux de rappeler que notre rôle est de soigner les autres animaux et de diminuer avant tout leur souffrance, et ensuite de travailler à l'harmonie de la cohabitation.

Au cours de notre consultation, grâce à l'exploration de tous les comportements, notre première bifurcation est toujours de pouvoir tracer la ligne entre comportement normal mais indésirable et état pathologique. C'est pour cela que nous ne nous limitons pas – parfois à la surprise des propriétaires de l'animal – à la plainte ou au motif principal. S'il y a, par exemple, un état anxieux, il y a de grandes chances que nous en découvrions des conséquences sur le sommeil, l'appétit, les prises de contact avec le corps, les capacités exploratoires. Il faut donc tout observer, tout questionner pour avoir une image globale et un diagnostic précis.

Dans le cas d'Hector, il faut faire la différence entre un état phobique l'empêchant de s'adapter et une attitude normale, prudente par rapport à un environnement considéré comme dangereux par le chat. L'enquête sémiologique ne révèle rien d'anormal : Hector est un chat qui va bien et qui a décidé de limiter son lieu de vie à l'intérieur de la maison. Nul doute que son développement l'a prédisposé à choisir cette solution et que l'expérience désagréable de la seconde excursion l'a conforté dans sa décision, mais il n'y a pas de nécessité de soigner.

Rebecca est soulagée, ainsi que Thomas son compagnon, d'apprendre qu'Hector va bien et que son bien-être peut être considéré de très bonne qualité. La déception reste vive :

« Mais tout de même, il ne profite pas du jardin...

– C'est son choix pour le moment. Quand vous avez rencontré Terminator au détour du chemin, vous n'avez pas très envie de refaire l'expérience... »

Je reprends pour eux l'explication du carnet rouge, de la double nature proie-prédateur, de l'importance d'une expérience sensibilisante et de la nécessité de la patience. Hector décidera peut-être d'aller de nouveau explorer l'extérieur... ou pas. En tout cas, le reste de ses comportements, les jeux qu'il partage avec eux, la chasse aux souris et lézards qui se hasardent à l'intérieur de la maison, son champ d'isolement partagé, son utilisation constante et méticuleuse de la litière, son appétit régulier mais régulé, ses marquages faciaux abondants dans la maison et sur eux, tout indique un chat en équilibre et au répertoire comportemental riche et complet.

Nous mettons au point des stratégies pour attirer Hector dehors et lui faire vivre des moments plaisants sans jamais le forcer. J'aurai des nouvelles un an plus tard. Rebecca et Thomas ont appris peu après la consultation qu'il y a bien un chat plus ou moins haret qui fait peur à tous les chats de maison du quartier : ils offrent à Hector des moments de câlin et de jeu à l'extérieur, mais il est resté fidèle à lui-même et mène une vie heureuse et harmonieuse de chat d'intérieur.

Hector nous donne une première réponse à cette polémique qui culpabilise volontiers les propriétaires qui n'offrent à leur chat qu'une vie enfermée entre les murs d'un appartement ou d'une maison. C'est parfois le choix des chats de préférer un intérieur rassurant qui leur apporte les facteurs indispensables à leur bien-être.

Émile Zola a écrit une nouvelle en ce sens[16], contant l'histoire d'un chat angora (qui n'est pas nommé) qui veut découvrir la liberté des chats de gouttière mais qui, après une nuit d'épouvante, de rencontres avec des congénères peu amènes, sous la pluie et sans trouver à manger, choisit de retourner vivre là où il trouve confort et bonne chère.

Une enquête de terrain

De manière plus scientifique, pour pouvoir répondre de la manière la plus étayée possible, nous avons demandé, comme je l'ai déjà évoqué, à une de nos étudiantes de faire une recherche sur les conditions de vie, le répertoire comportemental et sur la prévalence des troubles comportementaux chez les chats qui sortaient et chez ceux qui n'avaient pas d'accès à l'extérieur[17]. Il me paraît fondamental de le développer un peu plus ici.

Ce travail a été assez important : 351 chats ont été inclus dans l'étude qui a apporté de nombreux renseignements et un enseignement majeur : il n'y a pas plus de troubles comportementaux (en particulier sur les deux plaintes majeures : la malpropreté et les agressions) chez les chats confinés que chez les chats ayant accès à l'extérieur.

Et les chats ronronnent autant, qu'ils vivent dedans ou dehors !

Bien sûr, certaines différences sont apparues dans cette enquête : les chats qui ne sortent pas montrent plus souvent des « quarts d'heure de folie », des crises d'agitation motrice que les chats qui sortent, et ils ont aussi une plus grande propension à présenter des séquences de simulacre de prédation.

Dans la même veine, et cela paraît logique, les chats qui vivent dans un appartement ou une maison sans sortir présentent beaucoup plus de phases de jeu que ceux qui ont d'autres activités externes.

Les différences sont explicables et logiques : un comportement fondamental comme la prédation soit s'exprime « pour de vrai » sur des proies naturelles, soit a besoin d'un exutoire qui permet à notre félin domestique d'assouvir cette nécessité. Le jeu, caractère néoténique* s'il en est, s'exprime beaucoup plus en milieu protégé qui laisse peu de place à la crainte d'être dans une situation de risque vital qu'à l'extérieur où une vigilance constante est de mise.

La différence de biotope entraîne donc une variation dans le répertoire comportemental, et cela ne nous étonne pas.

Ce que nous attendions était la réponse à la question principale : le fait de vivre sans accès à l'extérieur entraîne-t-il plus de troubles comportementaux ? La preuve existe-t-elle que le confinement est générateur de mal-être et augmente donc la prévalence de la pathologie comportementale ?

Bien sûr, une seule étude ne permet pas de clore le sujet de manière définitive, mais le nombre de sujets inclus était important, et la distribution, homogène, ce qui nous permet de commencer à tirer quelques conclusions.

Tout d'abord, il paraît évident que les maladies psychiatriques sévères que nous avons évoquées, dysthymie bipolaire

---

* Néoténique : caractère juvénile qui persiste à l'âge adulte.

ou syndrome dissociatif, ne sont pas des conséquences du milieu. Par ailleurs, elles sont rares et n'apparaissent pas plus dans un biotope que dans un autre.

Non, ce qui est intéressant, c'est que le but de cette enquête est de vérifier si les symptômes pouvant évoquer un état anxieux deviennent plus nombreux chez les chats confinés. Il serait alors légitime de recommander – presque de manière obligatoire – un accès possible à l'extérieur pour tout chat adopté.

Or chaque point que nous connaissons pour être un signe d'appel d'un état anxieux ne connaît pas de différence significative en fonction du lieu de vie.

Le RSS (*Rollling skin syndrome* ou onde d'horripilation) n'est pas plus présent chez les chats d'intérieur. En l'absence de puces, nous savons que c'est un signe d'appel classique d'un état pathologique, phobique ou anxieux.

Les agressions par irritation sont des symptômes majeurs d'état anxieux productif, intermittent. Dans l'hypothèse où l'enfermement est générateur de frustration, de déséquilibre, nous devrions noter une augmentation des productions agressives : or ce n'est pas le cas. Si ces conditions de vie sont plutôt génératrices d'un état anxieux permanent, inhibé, alors ce sont les activités substitutives du type léchage compulsif que nous devrions trouver avec comme conséquence une alopécie ventrale (disparition des poils sur la zone du ventre). Ce n'est pas le cas non plus.

Enfin, comme Choupette et tant d'autres nous l'ont démontré, la difficulté à structurer le lieu de vie s'il n'est pas conforme aux exigences de l'espèce déclenche souvent soit des éliminations indésirables, soit du marquage : nous aurions dû trouver alors plus de malpropreté chez les chats confinés, et ce n'est toujours pas le cas.

Ces résultats sont importants à l'heure où certains voudraient culpabiliser les possesseurs de chat qui n'ont pas la possibilité de les laisser sortir, allant même jusqu'à déconseiller de la manière la plus vive l'adoption d'un chat dans ces cas-là. Ces positions n'ont pas de base scientifique, et ces discours n'ont pas de raison d'être.

Bien sûr, il faut vérifier que le chat d'intérieur peut assouvir tous ces besoins : pouvoir explorer les trois dimensions, avoir des leurres de prédation, construire son biotope avec des champs d'isolement, d'alimentation, d'élimination, d'activité et d'interaction riches et bien organisés, mais, une fois cela fait, il n'y a aucune justification à jeter l'opprobre sur ces conditions de vie.

Le risque des extrêmes

Un ancien client m'a appelé il y a peu. Après avoir perdu son chien, il souhaitait accueillir un chat. Responsable et prudent, il a commencé à parcourir le Web à la recherche de conseils. Après quelques jours, il m'a contacté, désemparé : « Je voulais votre avis… J'ai lu beaucoup de choses et je suis un peu perdu. D'après certains, si je ne peux ou ne veux pas laisser sortir mon chat, je suis maltraitant, et, d'après d'autres, c'est en le laissant sortir que mon attitude est dangereuse mais là, pour les autres espèces. Pour le moment, j'ai décidé de surseoir à ma décision d'adoption. »

Nous avons discuté un long moment, je lui ai donné les éléments déjà évoqués d'exagération du risque pour la biodiversité, la possibilité d'équiper un chat qui sort de clochettes pour prévenir ses proies éventuelles ou disposer sur les arbres autour de chez lui des colliers qui empêchent le chat de grimper et protéger ainsi les nids. J'ai aussi insisté sur la possibilité d'assurer un bien-être optimal à un chat qui ne peut pas sortir, en prenant quelques précautions. Il faut bien sûr choisir un chat ou un chaton dont les conditions de développement correspondent à son milieu futur : il sera plus difficile à Raminagrobis de s'adapter à un endroit clos s'il a passé les trois premiers mois de sa vie en totale liberté à se méfier des humains. La connaissance des exigences du biotope, de sa répartition en champs, du balisage des chemins permet de cocher toutes les cases et d'assurer à un chat une vie harmonieuse et riche.

Cette question de la possibilité de sortie, nous l'avons dit, est l'occasion d'affrontements beaucoup plus philosophiques ou éthiques que scientifiques. Il ne faut pas demander à la science les réponses qu'elle n'a pas. Les chats démontrent toujours leur capacité à s'adapter à des milieux de vie très différents. Quand certains points sont inacceptables (par exemple, quand ils sont forcés à vivre en trop grand nombre sans pouvoir se soustraire, que ce soit dans un appartement avec dix congénères ou dans un refuge avec cent cinquante), alors des symptômes d'état anxieux ou dépressif vont apparaître de manière évidente (augmentation des agressions, attitudes de retrait, arrêt du toilettage, malpropreté, etc.). Nous ne parlons pas de cela. Nous parlons des milliers de situations dans lesquelles un chat peut être en équilibre : sans sortir mais avec assez de stimulations pour pouvoir déployer tout son répertoire comportemental, en allant à l'extérieur de manière contrôlée, soit avec des humains-grooms qui ouvrent les portes, soit avec des moyens connectés ou de chats avec un accès très restreint à l'intérieur. Il devient alors évident que cela parle beaucoup plus d'une représentation des humains que des chats eux-mêmes. Dans cette discussion infinie, je pense, comme souvent, que le plus simple est tout de même de demander leur avis aux intéressés. J'ai partagé ma vie avec beaucoup de chats. Quand j'étais étudiant, le chat qui vivait avec nous n'avait pas du tout accès à l'extérieur, sauf pendant les vacances. Minou, prénom très original, devenu Grominou ensuite (et pourtant, il n'a jamais été obèse), était un chat parfait, un modèle de démonstration. Gentil mais sachant indiquer la limite, joueur avec le chien avec qui il s'entendait à la perfection au point de le téter quelques minutes par jour : il s'était créé une petite tétine de poils vers le cou et, à la tombée du jour, il appréciait de pouvoir téter quelques minutes en pétrissant. Pendant les vacances d'été, nous étions parfois à la campagne, chez moi près de Toulon, et il était en liberté. Jamais à plus de quelques dizaines de mètres de la maison, mais il semblait apprécier. Parfois nous entendions des chats se battre, nous avions peur pour lui mais nous le retrouvions sur l'appui de la fenêtre en train d'écouter ces mauvais garçons en découdre. Au moment de repartir, ce serait mentir de dire qu'il ne nous a pas fait le chercher quelquefois pendant quelques dizaines de minutes. Nous le retrouvions dans un arbuste ou sous un fourré, peu pressé de regagner ses pénates, mais, enfin découvert, il réintégrait sa boîte de transport et retrouvait l'appartement, sa caisse et ses jeux avec le chien sans exprimer de symptômes physiques ou comportementaux de mal-être.

Après lui, tous les chats que j'ai pu avoir vivaient en semiliberté avec un accès à l'extérieur sur demande, sauf la nuit bien sûr, et tous ont partagé notre vie. C'est une réponse que donnent des millions de chats à ceux qui déplorent que les animaux de compagnie soient captifs et subissent en quelque sorte une cohabitation forcée. Bien sûr, les chats qui n'ont pas le choix existent, mais, nous l'avons déjà souligné, il est tout à fait possible de leur construire un biotope intérieur plus que satisfaisant, et ceux qui ont la possibilité de partir mais qui restent témoignent de la relation profonde et durable qui s'est établie entre nos deux espèces.

Parfois, je vois des chats qui expriment leur volonté de sortir plus et qui vivent dans des conditions qui le permettraient, mais leurs compagnons humains ont trop peur pour eux de les laisser sortir. Cela me fait penser à Clémentine, la mère des jumeaux dans *L'Arrache-cœur* de Boris Vian, qui essaie à tout prix de les mettre en sécurité en abattant l'arbre du jardin ou en les enfermant dans une cage sans paroi[18]. Mais les enfants trouvent des limaces bleues qui leur donnent le pouvoir de voler et de s'arracher à l'étouffante inquiétude maternelle. Mon travail d'empathie, avec les humains et avec les chats, me place en position de traducteur et m'empêche de juger. Je comprends la volonté de protection et je comprends le besoin de liberté quand elle est accessible. Quand les chats semblent me le demander, en multipliant les comportements de tentative d'accès à l'extérieur ou quand leur apparente résignation s'accompagne de symptômes d'inhibition pathologique, chaque fois que je pense que cela peut être une solution, je me fais leur avocat pour que leur soit accordée une permission de sortie. Les chatières connectées déjà citées ou les colliers GPS les plus légers sont des solutions – ce sont les limaces bleues de nos chats modernes –, elles permettent de satisfaire la soif de découverte de l'un et l'envie de surveillance et de protection de l'autre.

Quand cela n'est pas possible, pour une raison ou pour une autre, je veille à ce que tout soit mis à la disposition du chat dans son lieu de vie pour qu'il puisse s'épanouir. Alors si vous avez envie de vivre avec un chat, n'hésitez pas : quel que soit votre mode de vie, vous pourrez en trouver un qui va le partager avec plaisir. Une fois de plus, ne vous fiez pas aux descriptifs de race vous promettant que le ragdoll se comportera toujours comme une poupée de chiffon ou que le persan a un comportement fait pour vivre à l'intérieur. Accordez votre futur chat et son histoire au biotope que vous pouvez lui accorder, vérifiez les critères indispensables et n'hésitez pas à commencer votre histoire de relation passionnée.

Une chatte sur un toit brûlant

Quand vous aurez sauté le pas, une autre question va très vite se poser à vous, au cœur là aussi de polémiques endiablées. Devez-vous stériliser votre compagnon félin ou pas ?

Pour beaucoup, la question ne se pose pas : il n'y a qu'une seule règle, c'est la stérilisation obligatoire et parfois même dès le plus jeune âge. Nous avons ainsi vu fleurir les publications recommandant l'ovariectomie (l'ablation des ovaires) dès l'âge de 3 mois ou même avant[19]. Aujourd'hui, nous semblons aller vers un peu plus de raison, certains articles pointent le risque d'anxiété accrue[20] mettant en cause l'augmentation d'une hormone, la LH (hormone lutéinisante), intervenant dans cette vulnérabilité aux états anxieux. La stérilisation chirurgicale coupe le retour des hormones sexuelles sur l'hypophyse et l'hypothalamus favorisant l'apparition de doses supra-physiologiques de LH. Les récepteurs de cette hormone existant dans de nombreux tissus, certains auteurs posent la question de l'effet de ces doses élevées (jusqu'à trente fois la dose normale par exemple pour un chat castré par rapport à un chat « entier ») sur les comportements, des récepteurs étant présents dans la thyroïde, les surrénales et le tube digestif dont nous savons à quel point ils peuvent moduler les émotions ou l'humeur ou, pour ce qui est du tube digestif, agir comme un deuxième cerveau[21]. Bien sûr, cette revue est faite chez le chien, mais il paraît difficile de penser, même si nous avons vu à quel point les chats sont différents, qu'il n'y aurait aucune action sur le comportement des félins.

La littérature anglo-saxonne ne s'intéresse pas à la dépression – elle serait réservée à l'être humain, les « idées noires » étant difficiles à mettre en évidence chez les autres animaux. Dans notre nosographie française, les états dépressifs existent, et nous en rencontrons de façon très régulière chez le chat, que ce soit un état dépressif aigu, post-traumatique par exemple, après des sanctions physiques, ou de manière encore plus fréquente des états dépressifs chroniques faisant suite à des années d'état anxieux non traité. Il semble que la stérilisation – et encore plus si elle est précoce – soit un facteur dépressogène. Nous connaissons cet effet sur les chats adultes castrés trop tard quand ils ont par exemple 6 ou 7 ans. L'abolition de la motivation sexuelle induit alors parfois un effondrement de l'activité.

Attention, ce que je dis là et qui doit faire réfléchir chaque propriétaire sur la décision à prendre n'est pas en contradiction avec le nécessaire contrôle de la population féline errante.

La discussion devient souvent impossible quand se mélangent les niveaux logiques. Tout le monde se réclame du bien-être mais personne ne parle de la même chose. Comme je l'ai déjà évoqué dans un ouvrage précédent[22] et rappelé dans le premier chapitre, la position des associations de protection animale est radicale : il faut stériliser tous les chats, il faut empêcher les particuliers de laisser reproduire leur chatte. La loi promulguée en novembre 2021 ne les a pas suivies jusqu'au bout : propriétaire d'une chatte qui a une portée, vous êtes exempté de vous déclarer comme éleveur mais vous devez assurer la traçabilité des chatons, ce qui est une excellente chose. Nous sommes en France, nous savons faire des lois et les ranger au fond du tiroir. Alors que le texte impose de la manière la plus claire une référence au certificat d'engagement et de connaissance, il suffit de faire une recherche de chatons à donner sur Internet pour se rendre compte que cela n'est pas appliqué et que les annonces sont souvent réduites à leur plus simple expression avec une photo et la mention « à donner ».

Si nous nous résumons : toutes les initiatives visant à responsabiliser les propriétaires, toutes les actions menées en coordination entre pouvoirs publics et associations de protection animale, comme la possibilité ouverte de convention multipartite ayant pour objectif la gestion de la population des chats errants, sont excellentes et vont dans le bon sens. Cela ne nous empêche pas de réfléchir ensuite de manière individuelle pour chaque chat.

Pour le plaisir

Les spécialistes du bien-être ont beaucoup évolué depuis les premières définitions autour des cinq libertés, aujourd'hui ils définissent des domaines et prennent en compte l'expérience subjective de l'animal[23]. Par exemple, la nourriture donnée peut correspondre à tous les critères de la diététique moderne, mais les animaux ont-ils un réel plaisir à la consommer ? Ces notions vont dans le sens de la nouvelle définition du bien-être donnée par l'ANSES[24], organisme de référence pour ce type de réflexion en 2018. La voici : « Le bien-être d'un animal est l'état mental et physique positif lié à la satisfaction de ses besoins physiologiques et comportementaux, ainsi que de ses attentes. Cet état varie en fonction de la perception de la situation par l'animal. »

Cette définition change la donne : le fait de prendre en compte les besoins comportementaux mais aussi les attentes place l'animal comme le véritable sujet de son existence. En insistant sur l'importance de la perception de la situation par l'animal, elle confirme aussi que le bien-être est une affaire individuelle avant tout et que les mêmes conditions de vie peuvent convenir à un animal et créer beaucoup de stress, voire un état anxieux chez un autre. Il y a donc bien une prise de décision individuelle pour chaque chat en fonction de son environnement, de la capacité de contrôle de la part des humains qui vivent avec lui et des conséquences de l'accès à la reproduction : ce n'est pas pareil de laisser divaguer son mâle qui peut saillir plusieurs femelles, prend un risque considérable de contamination par le virus FIV contre lequel il ne peut pas être protégé et de prendre la décision de faire faire une portée à Princesse, avec un mâle plus ou moins choisi, de chatons qui seront choyés et placés avec précaution dans des familles responsables.

Au-delà de ces questions se pose celle du plaisir. La nouvelle manière d'envisager le bien-être remet bien sûr en jeu l'assouvissement du désir sexuel comme un facteur de bien-être. Du coup, cela pose la question : que savons-nous du plaisir sexuel chez nos félins domestiques ?

La locution passée dans la langue courante « se comporter comme une chatte en chaleur » parle beaucoup plus de l'expression du désir, de la période d'acceptation que de plaisir. Ces périodes sont l'occasion de manifestations spectaculaires, au point parfois de déclencher une consultation tant les personnes qui n'ont jamais vu de chatte en chaleur avant pensent que leur petite femelle est en train de souffrir. Elle crie, se frotte contre les murs : sa voix n'est plus la même, plus rauque. Rappelons que cette espèce est à ovulation provoquée, déclenchée par la saillie, ce qui explique un taux de succès reproducteur très élevé. Les chaleurs ne s'arrêtent que quand il y a saillie : les étudiants vétérinaires qui le savent simulent parfois une saillie avec un coton-tige pour pouvoir continuer à étudier en paix. Alors tant de désir conduit-il au plaisir ? Rien n'est moins sûr chez la chatte. Autant chez la chienne, la guenon, le dauphin femelle et tant d'autres nous avons peu de doutes sur l'existence du plaisir sexuel, autant chez la chatte, cela est peu probable.

Du désir fort oui, du plaisir ensuite à la maternité, au contact avec les chatons, à l'attachement comme nous l'avons démontré ailleurs[25], il y en a sans aucun doute, mais du plaisir sexuel, pas de trace, il semblerait même que ce soit le contraire.

Cette espèce n'étant pas sociale par essence, nous ne sommes pas surpris de voir qu'il n'y a pas de parade amoureuse, pas de flirt, pas de séduction… la femelle est prête, elle se roule au sol, elle présente le signe d'Amantea (si vous touchez la base de la queue d'un côté elle va la dévier de l'autre, libérant ainsi l'accès à sa vulve). Le mâle, après l'avoir poursuivie quelques minutes, finit par lui sauter dessus, l'attrape par la peau du cou en la mordant assez fort. Il provoque ainsi une lordose (une cambrure) facilitant l'intromission. Le pénis du chat mâle non castré possède des spicules cornés, comme des petites épines sur le gland, ce qui rend la saillie douloureuse et fait crier les chattes. Cela ne dure en principe pas plus de 30 secondes.

Cette rapidité (le temps où les deux acteurs sont coincés dans l'acte est très faible) et cette efficacité (ovulation provoquée) correspondent bien à une espèce dont la sécurité est au premier rang de ses priorités. Cela ne laisse pas la place au temps du plaisir, en tout cas pour la femelle. Une explication nous a été apportée, au cours d'une intervention magistrale, par Thierry Lodé venu faire cours dans notre diplôme de psychiatrie vétérinaire sur cette question. Professeur d'écologie de l'évolution à l'université de Rennes, c'est un spécialiste de la sexualité dans le monde animal, passion qu'il a partagée dans de nombreux livres[26].

Après nous avoir ébahis en nous révélant que la simulation du « plaisir » apparaît déjà chez la truite arc-en-ciel pour se débarrasser d'un mâle un peu trop empressé, il avait souligné que, dans cette « guerre des sexes », il y avait une importance évolutive pour les mâles à essayer de provoquer la fidélité de la femelle. Il n'y a que deux solutions : donner beaucoup de plaisir ou faire mal. À côté des organes reproducteurs de certains mâles, en particulier chez certains oiseaux pourvus de crochets qui laissent imaginer la douleur qu'ils infligent, il nous est apparu que c'est sans doute aussi ce qui se passe dans l'espèce féline. Nous l'avons dit, les caractéristiques de la saillie correspondent aux exigences de sécurité mais ne permettent pas le plaisir pour la femelle, alors il restait la douleur… Tout en étant très prudent sur cette hypothèse, cela me donne une partie de la réponse sur la perception de la sexualité, au moins pour les chattes. Si je suis persuadé qu'elles prennent beaucoup de plaisir avec leurs chatons, je pense qu'elles n'en ont pas au moment de l'acte, si ce n'est le soulagement d'un désir torturant.

Voilà ce que les chats peuvent nous dire sur leur liberté : liberté d'aller et venir, liberté d'accès à une sexualité. Une fois de plus, ils nous prennent à contre-pied et nous obligent à ne surtout pas projeter nos sensations, nos représentations humaines dans leur vie de félin domestique. Si nous voulons leur apporter le maximum de bien-être, ils nous forcent à nous mettre à leur place, avec leur biologie, leur physiologie, leur construction, leurs représentations d'eux-mêmes et du monde qui les entoure, sans que nous leur imposions les nôtres issues d'une bien-pensance contemporaine, de la projection de nos fantasmes sur eux ou d'une réflexion philosophique qui mélange les espèces sans respecter leur spécificité.

Dire qu'il y a une unité du vivant, parler de nous et des autres animaux, ce n'est pas dire que nous vivons tous dans le même monde, que nos valeurs sont universelles et doivent s'appliquer à toutes les espèces. Ce à quoi nous devons réfléchir, c'est à notre rapport à l'autonomie des êtres vivants dont nous avons la responsabilité, dont nous nous occupons et que nous aimons : dans quelle mesure nous pouvons leur demander leur avis, en connaissant et en observant leur comportement et à quel point nous pouvons en tenir compte dans l'établissement d'une cohabitation harmonieuse et respectueuse.

Au-delà de cette limite...

Les progrès de la médecine vétérinaire amènent aujourd'hui beaucoup de nos compagnons félins à un âge considérable et repoussent les frontières de ce que nous savons faire, de ce que nous pouvons faire en termes de chirurgie et de médecine.

Les chats sont très forts pour nous poser des questions presque insolubles et ils le font à leur corps défendant. Leurs capacités naturelles à résister augmentées par le secours de la technologie et les progrès de la connaissance nous renvoient à des problématiques qui ne se posent pas dans les mêmes termes pour nous, humains, mais qui traversent aujourd'hui nos sociétés occidentales.

• Comment vieillir ? Quelle dégradation est acceptable, souhaitons-nous un maintien du fonctionnement du corps physique en présence d'une altération importante des capacités cognitives ? Quelle image la vieillesse de nos animaux de compagnie nous renvoie-t-elle et comment la supportons-nous ?

• Quelles sont les limites de soins que nous souhaitons pour nos animaux de compagnie ? Qui peut dire : ce que vous faites pour un chat est inacceptable ?

• Et la fin de vie ? Doit-elle toujours être naturelle ou peut-elle être aidée, encadrée, et, dans ce cas-là, qui prend la décision ? Quand la science peut empêcher de mourir mais ne permet pas toujours de vivre, comment arbitrer ?

Old

Les chats vieillissent avec grâce… la plupart du temps.

Aujourd'hui, comme les centenaires humains se multiplient, il n'est pas rare de voir des chats dépasser les 20 ans et de nous poser la question du grand âge félin.

Les conditions de vie, la protection au quotidien, la médecine et ses progrès ont une action sur le temps pour les êtres humains et les autres animaux. Elles créent une longévité qui n'existe pas en milieu sauvage : si la vieillesse et les limites repoussées nous viennent en tête au premier abord, il ne faudrait pas oublier l'adolescence qui n'existe chez les humains et chez les autres animaux que là où la vie est assez protégée pour permettre de prendre le temps d'un passage progressif à l'âge adulte. Nous en avons débattu au cours d'un congrès passionnant de l'association ZooPsy[27]. Ce n'est pas notre sujet ici, même si la conservation des caractères néoténiques comme la capacité de jeu est une des facettes de cette adolescence qui a augmenté notre appétence pour la vie en commun avec les chats.

Ici, nous nous penchons sur l'autre extrémité : que nous disent les chats sur le fait de vieillir beaucoup plus que s'ils avaient été livrés à eux-mêmes dans une vie sauvage et libre ?

Certains chiffres circulent sur Internet, dont la source citée est souvent l'Université de Davis (Californie), et qui indiquent une espérance de vie très différente entre chats d'intérieur ayant une longévité entre 10 et 15 ans et chats vivant dehors dont l'espérance de vie serait très réduite et autour de 2 à 4 ans. Cela donne des conseils, parfois bien étranges, recommandant pour la santé du chat de ne pas du tout le laisser sortir au risque de raccourcir de manière drastique sa vie[28] ! Cela me paraît faux… il ne faut pas confondre chats qui ont la possibilité de sortir de temps en temps et chats qui mènent une vie sauvage. Presque tous mes chats sont sortis, sauf ceux qui ne le souhaitaient pas, et tous ou presque ont vécu plus de 10 ans.

Bien sûr, un chat qui sort est davantage soumis aux aléas de la circulation routière ou aux virus qui échappent à la protection vaccinale, mais il n'y a pas à craindre une réduction aussi dramatique de son espérance de vie. S'il est possible de créer un milieu intérieur satisfaisant pour le chat qui ne soit pas synonyme de mal-être, beaucoup d'entre eux apprécient de pouvoir sortir de temps en temps : ne craignez rien, cela ne les empêchera pas de vieillir, et nous sommes les témoins de cette espérance de vie toujours plus longue. Tous les vétérinaires vous le diront, ils voient de plus en plus de chats très âgés, et ces seniors (entre 11 et 15 ans) ou ces gériatriques ou super-seniors (plus de 15 ans) présentent souvent des troubles du comportement. Vous allez encore me trouver antiaméricain primaire, mais je suis toujours désolé de ne pas retrouver mes petits dans l'abondante littérature anglo-saxonne parlant des troubles du comportement du chat âgé. Nous avons là un catalogue de symptômes qui ne sont jamais regroupés en entités nosographiques autres que le grand sac fourre-tout nommé CDS pour *Cognitive dysfunction syndrome*.

Cela voudrait dire qu'il y a une seule façon de mal aller quand l'âge vient. Une fois de plus, il faut m'expliquer pourquoi ce qui serait faux pour l'être humain serait vrai pour un autre animal aux compétences différentes mais au répertoire tout aussi complexe, comme nous le voyons depuis le début de ce livre.

En fait, les chats eux aussi ont des affections comportementales diverses dans le grand âge, et rappelons d'abord que vieillir, en soi, n'est pas une maladie. Il n'y a qu'à voir comment certains d'entre nous vieillissent pour réaliser que l'égalité n'est pas de mise face à ce processus.

Notre classification des maladies reconnaît au moins quatre grands groupes d'affections pouvant survenir dans le vieil âge :

- des troubles émotionnels comme la dysrégulation émotionnelle ;
- des troubles thymiques (touchant l'humeur de l'animal) comme la dépression d'involution ;

– des troubles cognitifs purs comme le syndrome confusionnel ;
– des troubles complexes pouvant mêler les trois axes comme l'hyperagressivité du vieux chat.

Il y a de nombreuses façons d'aller bien, et il semble logique qu'il n'y en ait pas une seule pour souffrir d'un trouble du comportement dans ce grand âge.

La distinction n'est pas pour le plaisir de la rhétorique. Ces différentes maladies n'appellent ni les mêmes traitements ni les mêmes thérapies.

Arrêtons-nous juste un instant sur deux d'entre elles : la dépression d'involution et le syndrome confusionnel.

Léon, *lost in translation*

Commençons par le syndrome confusionnel qui, dans notre nomenclature, est beaucoup moins large que le fameux CDS. Nous établissons ce diagnostic quand nous sommes en face de troubles cognitifs purs sans atteinte émotionnelle ni thymique.

Léon est devenu malpropre de façon soudaine à 15 ans. Il est toujours aussi câlin, marque son territoire en frottant sa tête, semble ne pas avoir beaucoup changé. Il saute un peu moins sur les meubles, passe plus de temps à dormir et puis, par moments, il va faire ses besoins dans des endroits extravagants, lui qui a toujours été un modèle de propreté. Ses maîtres l'ont retrouvé plusieurs fois un peu confus, un peu hagard, perdu dans le couloir qui mène à la buanderie où il y a toujours eu sa litière.

Si nous avons, comme c'était le cas pour Léon, une collection de symptômes cognitifs : perte d'apprentissages fondamentaux, désorientation, déambulation, confusion sans implication émotionnelle, alors nous avons beaucoup de risques de nous trouver en face d'un syndrome confusionnel, analogue à la maladie d'Alzheimer chez le chat. Des études fondamentales ont montré que, comme chez l'homme, et comme nous l'avions évoqué aussi chez le chien[29], le cerveau du chat peut souffrir de dégénérescence similaire avec une surcharge amyloïde[30]. La maladie féline est encore plus proche de la maladie humaine : s'il n'y a pas la dégénérescence neurofibrilllaire toujours présente chez l'homme et jamais chez le chien, il y a en revanche chez le chat des protéines tau hyperphosphorylées comme chez l'homme, alors que le chien n'en présente pas. Comme vous le savez, il n'y a aujourd'hui aucun traitement médicamenteux efficace pour lutter contre la maladie d'Alzheimer et pas plus chez le chat (ou chez le chien). Certains médicaments avaient soulevé quelques espoirs, très vite déçus, chez l'homme. Savoir que nous ne pouvons pas guérir ne nous empêche pas de traiter en favorisant les capacités d'apprentissage et surtout en organisant le territoire de façon à le rendre plus adapté. Des litières d'élimination plus nombreuses, plus accessibles, des lieux de couchage confortables et là aussi à portée de patte, plus de contacts doux et prévisibles : tout cela peut permettre de prolonger de façon confortable la vie de nos chats atteints. Pour Léon, l'aménagement de son espace, une caisse d'élimination plus facile d'accès l'ont rendu de nouveau propre. Quelques jeux simples, toujours gagnants, l'explication de la maladie : tout cela permet à la famille d'accompagner l'ancêtre félin avec douceur vers sa dernière demeure, sans se hâter, en pouvant en profiter encore de nombreux mois.

Harry, pas *happy*

Harry a toujours été un gentil chat, trop gentil sans doute, très inhibé en tout cas. Ce superbe sacré de Birmanie m'est présenté alors qu'il a 16 ans, parce que soudain les nuits sont devenues infernales !

Harry déambule dans la maison en miaulant de façon déchirante : il faut avoir entendu cela une fois dans sa vie pour comprendre à quel point c'est insupportable pour les humains et plus encore quand ils sont attachés au chat. Ces vocalises désespérées génèrent de l'angoisse chez celui qui les écoute, une envie d'aider le chat ou de le trucider quand cela se répète toutes les nuits et que le chat récupère dans la journée en dormant pendant que les humains vont travailler.

Harry, donc, qui semble perdu dans sa propre maison, a une inversion de son rythme nycthéméral (bien sûr les chats sont des nocturnes au départ, mais, au contact de l'humain, ils apprennent le rythme de la maison et s'adaptent), et surtout semble effrayé, angoissé dans un lieu de vie qui est pourtant le sien et qu'il connaît depuis toujours. Ajoutez à cela une perte de plaisir dans les activités quotidiennes (parfois jusqu'à la nourriture), le retour de comportements infantiles (comme le mâchonnement de jouets), et vous aurez une idée assez précise du tableau de la dépression d'involution chez le vieux chat. Comble de malheur, quand le propriétaire va se plaindre chez le vétérinaire, le risque, de moins en moins grand mais qui existe encore, est que soient proposés des « calmants » qui sont souvent des neuroleptiques sédatifs. Ceux-ci n'améliorent pas les symptômes, au contraire : ils peuvent aggraver l'état de l'animal qui va paraître encore plus confus, voire agressif, ce qui, dans la grande majorité des cas, va précipiter son euthanasie.

Nous l'avons dit : la base de l'équilibre du chat, c'est son territoire. La nécessité de s'adapter à un lieu de vie parfois imparfait peut le mettre en état anxieux permanent et inhibé qui peut se transformer, avec le temps, en état dépressif chronique pouvant lui-même se compliquer d'un phénomène d'involution lié au vieillissement. C'est une situation sérieuse, mais des solutions existent. Après avoir vérifié pour Harry que son organisme fonctionnait bien, ses reins bien sûr mais aussi sa thyroïde (les vieux chats sont des champions de l'hyperthyroïdie), nous l'avons traité avec un psychotrope protecteur du cerveau, luttant contre l'apoptose neuronale (la mort des neurones). Nous avons demandé aux humains de faciliter sa vie, de rendre l'environnement simple, accessible et prévisible, et tout le monde a retrouvé la paix… oh, pas pour des années. La récidive suivante, un peu moins de quinze mois après, prévisible et annoncée, s'est avérée rebelle au traitement, et la décision a été prise de ne pas laisser le chat en proie à sa souffrance psychique. Parfois nous entendons dire : « Est-ce que cela vaut le coup pour quelques mois de plus ? » Qu'en pensez-vous ? Qui ne serait pas tenté de gagner un bonus de vie harmonieuse ? Les propriétaires de Harry ont été heureux de retrouver leur chat tel qu'ils le connaissaient, en interaction avec eux, apaisé. Ils étaient lucides – et prévenus –, les mois gagnés ont été appréciés, savourés et ont permis de se préparer à l'inéluctable.

En médecine du comportement, comme dans le reste de la médecine, la guérison n'est pas toujours le but, et l'état de bien-être n'est pas toujours accessible. Nous travaillons alors sur la qualité de vie et sur le maintien de rapports agréables, nous sommes des gardiens de la relation !

Du lit à la fenêtre et puis du lit au lit

Ces deux affections sont fréquentes chez nos chats domestiques : elles agissent aussi comme des miroirs et nous renvoient à la question du type de vieillesse que nous souhaitons pour nos âgés et pour nous-mêmes. Certains de nos anciens ou certains de nos vieux animaux nous donnent envie de vieillir comme eux, et d'autres nous renvoient l'image terrible d'une dégradation sans limite que nous ne voulons ni pour nous-mêmes ni pour les autres animaux qui nous sont chers. L'impression la plus angoissante est sans doute celle de ne pas avoir le choix, de devoir vieillir quoi qu'il en coûte et de vouloir faire vieillir aussi jusqu'à l'extrême limite nos animaux de compagnie. Je crois qu'il est urgent de réfléchir tous ensemble à cet aspect de la vie. Il n'y a pas de réponse simple, il n'y a sans doute pas de réponse commune, alors la question est celle-ci : comment pouvons-nous favoriser l'individualité de chacun dans son choix face à un vieillissement qui ne devrait plus jamais être synonyme de perte de dignité ? Regarder vieillir et mourir les chats peut nous y aider à la fois par la communauté des affections qui interviennent pendant le vieillissement et par les questions qui se posent au vétérinaire et au groupe qui entoure l'animal. Peut-être êtes-vous surpris par l'absence d'établissement de style Ehpad pour les vieux animaux – alors que la médecine vétérinaire, nous l'avons vu, explore les mêmes champs disciplinaires que l'humaine et n'a pas grand-chose à envier à sa grande sœur. La solution est « gordienne » et évidente : quand la vie devient insupportable, il existe pour les animaux de compagnie la solution de l'euthanasie. Il est alors facile de comprendre que soit le groupe peut supporter l'animal au sens littéral et au sens figuré, soit il ne le peut plus, et, quand tout se passe au mieux, une appréciation de la qualité de vie et une discussion avec le vétérinaire conduisent à la décision apaisée de s'arrêter là.

J'entends déjà ceux qui disent que ce n'est pas l'animal qui prend la décision, et leur réflexion est légitime, mais, sauf à remettre en cause le fait d'avoir des animaux de compagnie (et je pense que certains extrémistes des droits des animaux n'en sont pas loin), il nous faut intégrer l'idée que les humains prennent toutes les décisions importantes (sexe, reproduction, alimentation, abri, etc.) à la place de leur compagnon. Il paraît difficile à la fois de s'indigner de l'irresponsabilité de ceux qui abandonnent leur compagnon et de reprocher aux autres de s'en occuper et d'arbitrer dans les moments importants. C'est le fameux « Tu deviens responsable pour toujours de ce que tu as apprivoisé[31] ». Mais y a-t-il une limite à cet engagement ? et, si oui, qui peut la mettre ?

Une fois de plus, les chats sont devenus, là encore malgré eux, les héros d'une polémique sur l'acharnement thérapeutique et la limite de soins.

Point break : extrême limite

En mai 2019, Sushi, chat européen de 3 ans, et Tara, petite femelle de race chartreux du même âge, ont défrayé la chronique. Ils ont été les protagonistes de la première greffe de rein à visée thérapeutique chez le chat en France. Cela a soulevé beaucoup de questions, et, si certains se sont émerveillés de la prouesse technique, d'autres ont critiqué cette opération jugée infondée et extravagante.

« Jusqu'où irons-nous trop loin ? » : telle a été la question posée par certaines instances. Le chat une fois de plus avait frappé fort et bousculait les conventions. Scandale ! La greffe d'organe, acte médical jusque-là réservé à l'être humain, avait été mise à la disposition des matous.

J'avoue avoir été surpris par le tollé : la médecine vétérinaire n'a pas d'impact sur les finances publiques. Il n'y a pas de Sécurité sociale, pas de contribution de l'État : cela aurait dû rester une affaire privée. La communication dans la presse, le *buzz* sur les réseaux sociaux ont changé la donne, et soudain ce fut l'explosion. Adulés par certains, honnis par d'autres, les vétérinaires et le chirurgien qui avaient réalisé cette première en France ont été soumis à une rude tempête médiatique. Je fais partie du conseil exécutif de l'association qui s'occupe de la formation continue des vétérinaires généraliste en France, l'AFVAC[32]. Quand les instances se sont émues, elles ont demandé que soit créé un petit groupe de travail qui réfléchisse et contribue à la prise de position de la profession. Avec deux consœurs, toutes deux spécialistes en médecine interne, toutes deux brillantes oncologues, nous avons beaucoup échangé et publié un article sur le sujet[33].

La réflexion était passionnante, beaucoup moins immédiate que ce que j'avais pu penser dans un premier temps et qui relevait de la catégorie « Mais de quoi se mêlent-ils ? ».

Ce travail sur la limite de soins nous a fait plonger dans le grand bain de l'éthique médicale. Déjà peu connue en médecine humaine, elle n'a pas encore pénétré dans sa forme conceptualisée la médecine vétérinaire. Regardons ensemble les quatre piliers de l'éthique, et vous allez voir que l'application à notre profession est compliquée.

Principe d'autonomie

Un des principes majeurs et de plus en plus respecté en médecine humaine est celui d'autonomie. Le patient doit pouvoir décider s'il veut tel type de soins et doit pouvoir le refuser. Nous viennent en tête tout de suite certains traitements anticancéreux aux résultats faibles proposés à des personnes ayant déjà beaucoup souffert et qui, à un moment, peuvent préférer ne pas avoir recours à cette dernière chance. Nous pourrions aussi discuter de certains vaccins en prenant bien soin de séparer l'autonomie du patient et les conséquences que son choix peut avoir quand les instances médicales et politiques décident qu'il est obligatoire que la personne soit vaccinée pour continuer à appartenir au système de santé sans faire courir de risques aux autres.

En tout cas, ce principe m'a permis de préciser la pensée qui traverse ce livre en le disant de façon un peu plus précise : nos animaux de compagnie ne peuvent pas être autonomes, par définition ils sont hétéronomes, c'est-à-dire que toutes les décisions concernant leurs soins passent par quelqu'un d'autre, que ce soit l'humain d'attachement, le responsable d'association ou *in fine* le vétérinaire. Notre attention maximale passe par le fait de demander son avis à l'animal, par l'observation et le suivi des signes de mal-être ou au contraire de plaisir, par le fait de savoir pondérer nos connaissances scientifiques par la valence de l'importance et de la qualité de la relation. Nous avons cité dans l'article un cas de Claire Beaudu-Lange :

Denzo, un petit bouledogue dont l'espérance de vie après un diagnostic de lymphome T de haut grade était de trois mois au regard des données acquises de la science. Après en avoir discuté avec ses propriétaires et parce que le petit chien manifestait une envie de vivre évidente, le traitement fut instauré. Denzo est mort… trois ans après, et, trois jours avant son décès, il apportait encore sa peluche préférée pour jouer.

Pour en revenir à la greffe, aucun des deux chats n'a pu manifester son consentement ou son envie, et l'absence totale d'autonomie du donneur est sans doute le point qui pose le problème le plus épineux à résoudre. En médecine humaine, le consentement est vérifié à plusieurs reprises et doit être confirmé. Mais, pour nous, vétérinaires, comment résoudre le problème moral de mutiler un animal au profit d'un autre ? La réponse est venue en partie des États-Unis, là où tout ce qui n'est pas interdit est permis. Le recul permet aujourd'hui d'affirmer que les chats à qui un rein est prélevé n'ont que peu de complications et peu de perte d'espérance de vie. Cela ne justifierait encore pas de leur faire subir cette mutilation. Après avoir tâtonné, une règle a été instituée qui aujourd'hui s'applique dans tous les pays qui pratiquent les greffes. Le donneur est un chat de refuge, et les clients qui demandent un don d'organe pour leur chat s'engagent à adopter l'autre et à lui offrir la même qualité de vie : toujours pas d'autonomie, mais un bénéfice secondaire !

Principe d'égalité

Celui-ci consiste à offrir les mêmes chances à tous les individus face à la maladie. Sans doute en France, en médecine humaine, essayons-nous de le respecter, mais il ne serait pas réaliste de ne pas se rendre compte qu'il existe déjà une médecine à deux vitesses (au moins), cependant, si nous retournons aux États-Unis, alors là, ce pilier de l'éthique médicale n'est pas du tout en vigueur.

Pour revenir à la médecine vétérinaire et reparler de la greffe, son coût est estimé à 6 000 euros, ce qui n'est pas à la portée de toutes les bourses, mais certains clients, nous le savons, n'hésiteraient pas à mettre ce prix-là. Au vu de l'importance que prennent nos animaux de compagnie et au premier rang desquels les chats, aujourd'hui je suis convaincu que nous n'arriverons à faire coïncider l'éthique, la santé des chats et nos possibilités techniques qu'en rendant obligatoire une assurance santé, une Sécurité sociale animale privée. Cela éviterait tous les cas déchirants où les soins s'arrêtent faute de capacité à les financer. Les vétérinaires, qui ont toujours été en pointe dans ce combat mais n'en font pas assez publicité, ont relancé il y a peu une idée qui avait germé dans ma région voilà trente ans. « Vétérinaires pour tous » est l'association qui permet de prendre en charge les animaux des plus démunis et pallie la carence ou les difficultés de certains propriétaires, et c'est déjà une formidable initiative. Mais imaginez une vraie solidarité de tous les possesseurs d'animaux ! Si les 22 millions de chiens et de chats étaient assurés, cela permettrait de baisser les primes et, en en prélevant une infime partie, de créer un fonds de solidarité pérenne qui permettrait les soins de tous. Français, nous ne sommes jamais très favorables à une obligation supplémentaire, mais, par exemple, nous l'acceptons pour notre voiture. Je pense que nos animaux domestiques ont beaucoup plus de valeur ! Je serais très heureux de contribuer dans mes dernières années d'exercice à la mise en place d'un tel système qui nous permette de ne plus jamais devoir renoncer à soigner. Cette première chirurgicale en France n'a pas coûté les 6 000 euros : le chirurgien avait une volonté de transmission vers le monde vétérinaire et a vibré à l'idée de sauver une vie « quelle qu'elle soit », mais, dans la pratique courante, nul doute que, sans assurance obligatoire – et encore, elles ont des plafonds –, ce genre d'opération serait réservée à des chats dont les propriétaires sont assez à l'aise pour pouvoir se le permettre[34].

Principe de non-malfaisance, principe de bienfaisance

La médecine doit bénéficier au patient, en tout cas elle ne doit pas lui nuire. Dans le cas de la greffe, si le principe de bienfaisance était d'emblée évident pour le receveur, cela ne l'était pas du tout pour le donneur. En incluant la promesse d'une amélioration de sa qualité de vie par l'adoption consécutive à la greffe, cela peut sans doute se discuter, mais nous laisserons chacun se faire sa propre idée.

Que dire de la stérilisation ? Nous avons déjà évoqué la discussion philosophique en termes de bien-être autour de la décision de laisser à son chat ou à sa chatte l'accès à une sexualité, mais, si nous nous intéressons à l'acte chirurgical, répond-il au principe de bienfaisance ?

Aujourd'hui certains parlent de mutilation à propos de cet acte, et cela heurte beaucoup de mes confrères qui restent persuadés en faisant cette opération d'œuvrer pour le bien et acceptent mal de se retrouver au banc des accusés. Nous ne pouvons que répéter que, pour apporter de la sérénité à la réflexion, il faut bien prendre garde à l'angle de vue pour considérer le problème. Pour la gestion des populations, cela paraît évident ; encore que pour être efficace il faudrait par exemple être sûr d'avoir castré tous les mâles du secteur : tant qu'il en reste un, il peut saillir de nombreuses femelles. D'un point de vue individuel et sur le plan prophylactique, la castration augmente l'espérance de vie en protégeant des accidents et de la contamination : c'est donc un acte qui peut avoir une justification médicale, si ce n'est que ces considérations tout aussi justes pour l'être humain n'entraînent pas la même conclusion. Pour vivre heureux, vivons castrés n'est pas la devise de l'humanité. Le vétérinaire est dédié à la santé animale mais sans jamais perdre de vue la santé humaine et, de manière encore plus globale, l'environnement : cela le conduit à des impasses éthiques que chacun résout à sa manière en son âme et conscience, en l'absence de règles énoncées et dans une société mouvante qui remet en cause à une vitesse croissante ce qui paraissait une évidence hier.

Ce fait divers médical, cette anecdote chirurgicale, a permis ainsi de mettre en lumière les tensions qui parcourent notre société et entraînent notre profession dans un débat éthique. Il me semble ainsi primordial d'enseigner ces notions d'éthique médicale à nos confrères ; c'est le choix que nous avons fait dans notre diplôme de psychiatrie vétérinaire. Dans un monde où les accusateurs peuvent être anonymes et déverser des torrents de boue sur les réseaux, il est important d'être fiers de nos pratiques et donc d'avoir réfléchi avant de nous trouver confrontés à ces menaces. Nous pratiquons pour la grande majorité d'entre nous une éthique du *care*, ce qui se traduit en français par une éthique de la sollicitude et du soin. C'est une position pragmatique, centrée sur le patient – au sens strict de celui qui souffre –, ce qui permet d'inclure souvent l'animal de compagnie présenté mais aussi la relation et donc les humains qui l'accompagnent. Cela me paraît adapté à notre exercice quotidien qui inclut dans son champ la santé de l'animal, son bien-être, son plaisir mais aussi l'harmonie des relations, les émotions des propriétaires et l'impact que nos décisions peuvent avoir sur l'environnement.

Tout s'est bien passé

Pour finir ce tour d'horizon des questions compliquées, voire insolubles, que nous posent les chats, je ne voudrais pas éluder le débat sur l'euthanasie. Il rejoint par moments la précédente question sur la limite de soins. La plupart des chats ne valent rien… je parle d'argent. En effet, sur les 700 000 chats adoptés chaque année (les chiffres sont très difficiles à trouver), seuls 50 000 ont un pedigree et sont donc de race pure. Ceux-là ont une valeur marchande et sont parfois achetés plusieurs milliers d'euros. Les autres sont appelés chats de maison ou chats européens, car il serait malvenu aujourd'hui de dire chat de gouttière, et sont adoptés en échange de quelques centaines d'euros ou moins, et parfois sont même donnés. Quand des soins sont nécessaires et engagent des budgets qui peuvent être importants, alors pour certains la question se pose : faut-il investir tant d'argent dans un chat qui n'a rien coûté ? Mon expérience – et j'en suis heureux – est que, pour la plupart des propriétaires, cela n'a aucun rapport. Comme dans l'histoire de Luka : après quelques jours de vie commune, alors que l'animal n'a pas de valeur pécuniaire, les humains qui l'ont pris en charge sont prêts à faire beaucoup d'investissements, en temps, en argent, en souffrance parfois, pour conserver la relation. Néanmoins, pour d'autres personnes, la réalité de leur situation financière limite le niveau de soins possibles. C'est – je le crois – une des raisons aussi du désenchantement d'un certain nombre de jeunes vétérinaires qui sortent des écoles, avec en tête beaucoup d'espoir et d'ambition, qui ont pour habitude d'accéder à des plateaux techniques impressionnants, presque illimités et qui vont se heurter au mur de la banalité quotidienne, de la pauvreté. Ils vont parfois ressentir comme de la mesquinerie, comme un défaut d'attachement ce qui est juste une limite infranchissable pour le propriétaire quand il doit arbitrer entre les soins du chat et la nourriture de sa famille. Cela crée une distorsion, la sensation d'un fossé entre le rêve professionnel et la réalité qui conduisent 25 % de nos étudiants à abandonner la pratique dans les quatre années qui suivent leur diplôme. Je suis persuadé que cette confrontation à l'euthanasie participe de cette désillusion. C'est un pouvoir important qui est accordé au vétérinaire et que n'ont pas les médecins : pouvoir décider en accord avec les proches de l'animal de mettre fin à ses jours. Cette habitude d'intégrer cette option dans la réflexion explique, beaucoup plus que l'accès aux molécules qui permettent d'en finir sans souffrance, le taux très élevé de suicide dans notre profession. Dans un article récent comparant les taux de suicide des médecins et des vétérinaires à celui du reste de la population, si le fait de côtoyer la maladie et la mort est commun à toutes les professions médicales, le stress répété lié à l'acte d'euthanasie, dans la prise de décision comme dans la réalisation, est noté comme un facteur aggravant pour les vétérinaires[35]. Cela explique en partie un risque de suicide multiplié par quatre par rapport à la population générale. Aujourd'hui, ce privilège empoisonné de la possibilité d'euthanasie est parfois remis en cause, et la responsabilité du vétérinaire pourrait se voir encore plus engagée s'il ne peut pas démontrer qu'il a cherché à explorer toutes les autres solutions possibles. Les chats sont encore des témoins particuliers : s'ils partagent avec les chiens et avec les autres animaux la possibilité d'être euthanasiés parce qu'ils sont vieux ou malades, ce n'est aujourd'hui plus que pour cette espèce que nous pouvons nous retrouver confrontés à la décision d'euthanasie de portées non désirées. Nous sommes tous d'accord qu'il vaudrait cent fois, mille fois mieux prévenir cela par un contrôle adapté des naissances, mais, quand les chatons sont là, souvent au printemps, par dizaines, que faire ? Cela crée souvent des discussions entre les différents acteurs de la clinique vétérinaire, entre ceux qui y sont opposés de tout leur cœur et ceux qui s'y résignent par raison. En tout cas, ce n'est jamais une décision facile, et, quand les vétérinaires le font, c'est pour éviter que cela soit mal fait en causant d'inutiles souffrances comme la noyade ou l'asphyxie à l'éther. Parfois, certains refusent et ils en ont le droit. Même face à une réquisition administrative, ils peuvent faire valoir un droit de retrait pour ne pas participer à ce qui ne correspond pas à leurs valeurs. Pour nous, l'euthanasie est et doit rester une dernière solution thérapeutique quand il n'y a plus rien à faire pour empêcher la douleur physique ou la souffrance mentale. C'est un privilège exigeant lié à l'hétéronomie consubstantielle à nos animaux domestiques dont les chats sont les représentants ultimes, coincés entre leur image d'animal indépendant et leur nature de nuisibles tels que les considèrent encore certaines municipalités, à mi-chemin entre le cœur de nos foyers et la vie sauvage.

À l'école des chats

Les chats aujourd'hui ont gagné la bataille de l'image. Ils sont les héros des réseaux, et tout cela n'est pas anodin. Leur triomphe nous apprend beaucoup sur l'évolution de notre société et de notre rapport à l'éducation ou à la hiérarchie.

Punition interdite

Pour la dernière fois, je le redis : toute sanction physique est interdite chez le chat. Cela ne fonctionne jamais et ne fait que prendre le risque d'une sensibilisation qui peut nuire à jamais à la relation. Pendant des siècles, l'éducation n'a été conçue que comme une série de punitions et d'interdictions. Par malchance, cela semble fonctionner dans les espèces sociales qui ne peuvent pas se soustraire à la relation. Par chance pour eux, les chats y sont réfractaires de manière intrinsèque, essentielle.

Petit à petit, les méthodes ont évolué pour tout le monde, l'éducation positive est devenue la référence, et les chats ont approuvé cette évolution et l'ont accompagnée. Vous trouverez aujourd'hui des vidéos de chats qui font de l'*agility* (des parcours d'obstacles), qui « checkent » avec leur humain, bref, qui apprennent et interagissent tant qu'ils sont respectés et encouragés.

Ils nous enseignent donc que les meilleures méthodes d'éducation reposent sur la collaboration et l'engagement de l'apprenant. Si cela semble une évidence aujourd'hui, il ne faudrait pas oublier que cela est vrai ici et maintenant mais reste de façon très majoritaire faux dans le monde.

Hiérarchie sans objet

Nos sociétés ont longtemps été fondées sur la verticalité et la hiérarchie : le chien pouvait en être un modèle. C'est de moins en moins vrai, en tout cas en apparence. Les notions d'autorité, de respect de l'ancienneté ne font plus recette et sont peu à peu remplacées par une culture de l'horizontalité et d'un travail collaboratif. L'animal totem de cette évolution pourrait être le chat tant cela rappelle ce que peuvent vivre les groupes de femelles autour de l'élevage en commun de chatons. Si vous regardez autour de vous, vous verrez se multiplier ces exemples de groupes qui fonctionnent sans chef, basés sur le partage des tâches et un objectif commun. Chez les chiens et chez les hommes, quand la hiérarchie est claire, elle est apaisante et permet de construire des sociétés, mais trop souvent elle devient anxiogène et empêche la réalisation individuelle. Chez les chats, soit la relation est agréable et permet une vie en commun, soit elle ne l'est pas, et la rupture est consommée. C'est le fonctionnement des groupes de projet. La relation n'est maintenue que dans le cadre de l'objectif temporaire.

Il n'est pas étonnant que, ennemis des sanctions et réfractaires à la hiérarchie depuis toujours, les chats deviennent les représentants de ce XXIe siècle, d'autant plus qu'ils accompagnent d'autres tendances importantes.

Le corps protégé

Les différents scandales autour des abus sexuels perpétrés sur les femmes (ou sur de jeunes garçons) depuis des siècles sont aujourd'hui révélés et ont conduit à une conception très différente du corps qui devient sacré. Aujourd'hui, avant de toucher le corps de l'autre, il faut avoir sa permission explicite. Nous avons vu avec Isis à quel point cela s'applique aux chats. S'il n'est pas question de mettre en balance les traumatismes vécus par les personnes abusées et la volonté de certains chats de ne pas être touchés, il faut reconnaître qu'une fois de plus voici notre ami félin propulsé porte-parole d'une cause majeure. Il faut d'ailleurs faire attention aux excès : nous commençons à entendre que les chiens n'aiment pas les caresses, ce qui me paraît très exagéré ! Certains chiens n'aiment pas être caressés et d'autres n'aiment pas tous les types de caresse, mais il ne faut pas en faire une généralité.

Certains chats, même s'ils ne sont pas majoritaires, adorent le contact physique et le recherchent. Les chats nous disent aussi : soyez respectueux du corps de l'autre et soyez ouverts à l'unicité de chacun.

Ronron thérapie

Ils nous le disent parfois en ronronnant et cela est encore une énigme : vibrations des muscles du larynx ou du diaphragme, de nombreuses hypothèses ont été avancées et infirmées presque chaque fois.

Plus important nous paraît le contresens fréquent au sujet du ronronnement, considéré comme un signe exclusif de plaisir. Or les chats en situation de souffrance, les chats parfois en train de mourir, les chattes en train d'accoucher ronronnent, et nous savons que ces situations peuvent être synonymes de douleur ou d'inconfort. Une des théories en vogue évoque le pouvoir curatif du ronronnement[36]. Il est émis entre 25 et

50 Hz, ce qui correspond aux fréquences qui favorisent, par exemple, la croissance osseuse ou la cicatrisation. Le ronronnement est un message d'apaisement que le chat peut adresser à lui-même dans une situation désagréable ou à d'autres partenaires avec qui il est en harmonie. C'est bien sûr entre la mère et ses chatons que cette communication apparaît en premier, les petits étant capables de ronronner dès deux jours, et les mères, pendant l'accouchement et à chaque tétée.

Continuons à en profiter quand il nous est offert au cours d'un rendez-vous accordé : cette paix que nous ressentons quand notre chat ronronne sur nos genoux ou juste à côté, c'est la musique de la confiance accordée et de l'harmonie partagée.

Relations personnelles

C'est la dernière leçon que nous retiendrons de nos chats. En faisant les recherches bibliographiques pour ce livre, j'ai lu beaucoup d'articles qui parlent de relations sociales entre chats ou entre les chats et les humains. Cela me semble entraîner une vision fausse, et partout, à chaque ligne, nous pourrions effacer « sociales » pour être plus près de la compréhension des chats. Leurs relations ne sont pas sociales, ne sont pas globales, ne sont pas automatiques. Nos félins domestiques sont les experts des relations construites auxquelles il faut prêter attention : elles sont fragiles et réversibles. Les chats ne nous aiment pas parce que nous sommes leurs « maîtres » et ils se moquent que nous soyons leurs « propriétaires ». Le fait d'appartenir au même groupe ou d'être obligé de vivre dans le même lieu n'est pas une garantie pour établir une relation. En revanche, bâtir avec patience des rencontres, surtout si le chat est sociable, c'est-à-dire s'il présente une appétence naturelle pour le fait d'entrer en contact, cultiver la confiance, partager le plaisir de moments de jeu et de sérénité, cela permet de prétendre à établir une vraie relation amicale.

La femme est l'avenir de l'homme… et du chat

En faisant le tour très rapide, trop hâtif sans doute de ces leçons félines, j'ai mesuré à quel point l'intuition que j'ai depuis une vingtaine d'années se confirme. Le chat est iconique de notre époque parce qu'il est porteur de valeurs féminines et que nos sociétés modernes sont en train de les adopter. De mon adolescence à maintenant, j'aurai vu le monde, en tout cas occidental, vivre une transition qui le fait passer d'une structure qui pourrait se qualifier de canine, masculine, hiérarchique et verticale dont les valeurs affichées étaient la virilité, voire l'agressivité et la puissance, à une structure féminine, collaborative et horizontale aux valeurs centrées sur la qualité de vie, sur l'attention portée au territoire et aux relations, ce qui se rapproche d'une conception féline.

En y repensant m'est revenue en tête une nouvelle de Kipling pour les enfants, qui nous raconte comment, au temps où tous les animaux étaient sauvages, la domestication s'est mise en place par l'intermédiaire des premières femmes[37] et comment le chat a fait un pacte avec elles et a obtenu le droit de rentrer dans la maison, de se réchauffer et d'être nourri en échange du fait de plaire aux enfants, de les faire rire et de chasser les souris. Mais, voulant conserver son indépendance, il n'a signé de pacte ni avec les hommes, qui depuis le chassent de chez eux, ni avec les chiens, « premiers amis » qui leur courent après. Ce qui est extraordinaire, c'est que Kipling écrit cette nouvelle au tout début du XXe siècle bien avant que les découvertes scientifiques ne nous apprennent que la domestication ou plutôt le rapprochement entre les chiens et les humains s'est sans doute fait par la fréquentation des mêmes lieux de vie (sympatrie) et par l'observation réciproque des femmes et des chiennes au moment où elles élevaient leurs petits, et que la domestication du chat a été beaucoup plus tardive et reste beaucoup plus labile[38]. Ce qui m'a paru encore plus frappant, c'est l'évocation de cette relation entre la femme et le chat, qui n'exclut pas tous les hommes (Kipling dit : « Trois hommes sur cinq ne manqueront jamais de jeter des choses à un chat quand ils le rencontrent »), mais qui scelle une alliance particulière qui resurgit aujourd'hui de manière flagrante.

ÉPILOGUE

Together

Je porte l'envie de ce livre depuis des années, et son écriture a pris beaucoup de temps.

En plus de raconter leurs histoires, je passe tout de même l'essentiel de ma vie à soigner les chats et à enseigner cette discipline, primordiale à mes yeux : la psychiatrie vétérinaire. Mon espoir est d'avoir répondu à la demande, faite par First dans mon rêve, d'ouvrir grande la porte de la connaissance des chats pour améliorer leur qualité de vie.

Vous l'avez compris : ce livre est aussi un appel à combler le retard, à ne pas laisser les chats abandonnés à leur souffrance psychique. Les 15 % de chats en consultation de médecine du comportement sont la preuve que nous ne sommes pas assez attentifs à eux, que nous les gardons enfermés dans des représentations fausses qui leur portent tort. Aujourd'hui nous avons beaucoup progressé sur le diagnostic et sur la prise en charge de tous les troubles comportementaux félins, et même quand ils flirtent avec la folie, nous pouvons encore les aider.

Les chats sont les vedettes des réseaux sociaux, ils sont adulés parfois pour de mauvaises raisons, maltraités souvent par ignorance, et notre engouement doit passer par le chemin de la connaissance pour ne pas devenir une folie délétère.

Tout au long de ces pages, j'ai essayé de montrer à quel point les chats nous forcent à l'empathie. Faire ce travail nous ouvre les portes d'un monde riche et complexe, et peut aussi nous permettre de découvrir les causes de certaines souffrances et y remédier.

Ce sont aussi des professeurs de respect : leur rapport au corps, à la relation nous oblige à sortir de nos conceptions humaines si nous voulons bâtir un pont entre eux et nous.

Merveilleux équilibristes sur le plan tant physique que psychique, leur double nature les expose aussi à des dérèglements générateurs de souffrance. Enfin, mammifères comme tant d'autres, ils sont aussi sujets à des troubles moins spécifiques qui appellent néanmoins une prise en charge.

Mais tout cela ne doit pas nous faire oublier l'essentiel : le miracle de la rencontre et la grâce de l'amitié qu'ils peuvent nous offrir et qui nous procure un plaisir… fou.

Notes bibliographiques

CHAPITRE 1

Le Joker ou la double nature du chat

1. Voir chapitre « Idéfix » de mon ouvrage *La Psychologie du chien. Stress anxiété, agressivité...*, Paris, Odile Jacob, 2004, p. 17.
2. *Le Monde de Jamy*, https://www.france.tv/france-3/le-monde-de-jamy/405325-chiots-chatons-les-premiers-pas-de-nos-animaux-preferes.html.
3. Béata C., *Au risque d'aimer*, Paris, Odile Jacob, 2013.
4. WSAVA (World Small Animal Veterinary Association), FECAVA (Federation of European Companion Animal Veterinary Associations), AFVAC (Association française des vétérinaires pour animaux de compagnie).
5. Seligman M. E., Maier S. F., « Failure to escape traumatic shock », *Journal of Experimental Psychology*, 1967, 74, p. 1-9.
6. Morizot B., *Manières d'être vivant*, Arles, Actes Sud, « Mondes sauvages », 2020.
7. Ferlier U., *Campagne, ville ou environnement clos : quelle est l'influence du milieu de vie sur le répertoire comportemental du chat, à l'intérieur, chez ses propriétaires ?*, mémoire pour le DIE de vétérinaire comportementaliste, octobre 2008.
8. Béata C., *Au risque d'Aimer*, *op. cit.*

CHAPITRE 2

Territoire et souffrance

1. Werber B., *Sa majesté des chats*, Paris, Albin Michel, 2019.
2. https://www.express.co.uk/news/weird/544409/Grumpy-Cat-worth-more-than-Hollywood-stars.

3. Kramer C. K., Mehmood S., Suen R. S., « Dog owership and survival : A systematic review and meta-analysis », *Circ. Cardiovasc. Qual. Outcomes*, 2019, 12 (10), e005554.
4. Zasloff R. L., « Measuring attachment to companion animals : A dog is not a cat is not a bird », *Appl. Anim. Behav. Sci.*, 1996, 47 (1-2), p. 43-48.
5. Despret V., *Habiter en oiseau*, Arles, Actes Sud, « Mondes sauvages », 2019.
6. Virring A., Lambek R., Thomsen P. H., Møller L. R., Jennum P. J., « Disturbed sleep in attention-deficit hyperactivity disorder (ADHD) is not a question of psychiatric comorbidity or ADHD presentation », *J. Sleep Res.* 2016, 25 (3), p. 333-340.
7. Leyhausen P., *Cat Behaviour. The Predatory and Social Behaviour of Domestic and Wild Cats*, New York, Garland STPM Press, 1979.
8. https://francetvstudio.fr/production/collection-le-monde-de-jamy/e/chiots-chatons-les-premiers-pas-de-nos-animaux-preferes/
9. Villeneuve-Beugnet V., Beugnet F., « Field assessment of cats' litter box substrate preferences », *Journal of Veterinary Behavior*, 2018, 25, p. 65-70.
10. Ellis J. J., McGowan R. T. S., Martin F., « Does previous use affect litter box appeal in multicat households ? », *Behav. Processes*, 2017, 141, p. 284-290.
11. Grigg E. K., Pick L., Nibblett B., « Litter box preference in domestic cats : Covered versus uncovered », *Journal of Feline Medicine and Surgery*, 2013, 15 (4), p. 280-284 (© ISFM and AAFP 2012).
12. Enquête MHN SFPM, http://www.chat-biodiversite.fr.
13. Béata C., *Au risque d'aimer, op. cit.*
14. Monti-Bloch L., Jennings-White C., Berliner D. L., « The human vomeronasal system : A review », *Annals of the New York Academy of Sciences*, 1998, 855, p. 373-389.

CHAPITRE 3

Les relations : en avoir ou pas ?

1. Béata C., Muller G (dir.), *Pathologie du comportement du chat*, Paris, Éditions AFVAC, 2016.
2. Schwartz S., « Separation anxiety syndrome in dogs and cats », *J. Am. Vet. Med. Assoc.*, 2003, 222, p. 1526-1532.
3. Vigne J.-D. *et al.*, « Early taming of the cat in Cyprus », *Science*, 2004, 304 (5668), p. 259-259.
4. Béata C., *Au risque d'aimer, op. cit.*
5. Pageat P., *Pathologie du comportement du chien*, Paris, Éditions du Point vétérinaire, 1994.
6. Hofmans J., *Étude clinique sur chatons. Inhibition du chaton à 6 semaines et tempérament à 6 mois : qu'en est-il ?*, mémoire pour le DIE de vétérinaire comportementalitse, 2021.

7. https://francetvstudio.fr/production/collection-le-monde-de-jamy/e/chiots-chatons-les-premiers-pas-de-nos-animaux-preferes/
8. Vigne J.-D. *et al.*, « Early taming of the cat in Cyprus », art. cit.
9. Russell N., « The wild side of animal domestication », *Society & Animals,* 2002,10 (3), p. 285-302.
10. AAFP et ISFM, « Feline environmental needs guidelines », *Journal of Feline Medicine and Surgery*, 2013, 15, p. 219-230.
11. Simon's Cat, « Cat Man Do », https://www.youtube.com/watch?v=V8os2v7ZuJs.
12. Béata C., *Au risque d'aimer*, *op. cit.*
13. Beata C., *Au risque d'aimer*, *op. cit.*
14. Crowell-Davis S., « Understanding cats », *Compend. Contin. Educ. Vet*, 2007, 29 (4), p. 241-243.
15. *Le Monde de Jamy*, *op. cit.*

CHAPITRE 4

Vol au-dessus d'un nid de chats fous

1. Kreutzer M., *Folies animales*, Paris, Le Pommier, 2020.
2. Ey H., Brion A., *Psychiatrie animale,* Paris, Desclée de Brouwer,1964.
3. Béata C., *Au risque d'aimer*, *op. cit.*
4. *Blackfish*, film de Gabriela Cowperthwaite, 2013.
5. Garner B. *et al.*, « Pituatary volume predicts future transition ti psychosis in individuals at ultra-high risk of developing psychosis », *Biol. Psychiatry*, 2005, 58, p. 417-423. Brown E. S., Rush A. J., Mcewen B. S., « Hippocampal remodeling and damage by corticosteroids: implications for mood disorders », *Neuropsychopharmacology*, 1999, 21, p. 474-484.
6. Watzlawick P., *Stratégie de la thérapie brève*, Paris, Seuil, 1998.
7. LOOF : l'abyssin, https://www.loof.asso.fr/races/desc_race.php?id_race=1.
8. Sastre J.-P., Jouvet M., « The oneiric behavior of the cat », *Physiology & Behavior,* 1979, 22 (5), p. 979-989.
9. Ferguson J., Dement W. C., « The effect of variations in total sleep time on the occurrence of rapid eye movement sleep in cats », *Electroencephalog. Clin. Neurophysiol.*, 1967, 22, p. 2-10. Carskadon M. A., Dement W. C. « Monitoring and staging human sleep », *in* M. H. Kryger, T. Roth, W. C. Dement (dir.), *Principles and Practice of Sleep Medicine*, St. Louis, Elsevier Saunders, 2011, 5ᵉ édition, p. 16-26).
10. Lauveng A., *Demain j'étais folle. Un voyage en schizophrénie*, Paris, Autrement, 2019.
11. Jacqmot O. « Comparison of several white matter tracts in feline and canine brain by using magnetic resonance diffusion tensor imaging », *The Anatomical Record*, 2017, 300, p. 1270-1289.

12. Naccache L., *Le Nouvel Inconscient. Freud, le Christophe Colomb des neurosciences*, Paris, Odile Jacob, 2006.
13. Sneddon L. U., « Pain perception in fish : Indicators and endpoints », *ILAR Journal*, 2009, 50 (4), p. 338-342.
14. Owens J. L., Olsen M., Fontaine A., Kloth C., Kershenbaum A., Waller S., « Visual classification of feral cat Felis silvestris catus vocalizations », *Current Zoology*, 2017, 63, p. 331-339. Tavernier C., Ahmed S., Houpt K. A., Yeon S. C., « Feline vocal communication », *J. Vet. Sci.*, 2020, 21 (1), e18.
15. Gallup G. G., « Chimpanzees: Self-Recognition Science », *New Series*, jan. 2, 1970, Vol. 167, n° 3914, p. 86-87.

CHAPITRE 5

Chat icône et lanceur d'alerte

1. Morizot B., *Manières d'être vivant*, *op. cit.*
2. « Coronavirus : un tigre d'un zoo de New York testé positif », *Le Monde*, 6 avril 2020.
3. Bosco-Lauth A. M. *et al.*, « Pathogenesis, transmission and response to re-exposure of SARS-CoV-2 in domestic cats », *BioRxiv*, 2020.
4. https://agriculture.gouv.fr/un-veterinaire-entre-au-conseil-scientifique-covid-19.
5. https://www.anses.fr/fr/content/les-coronavirus-des-virus-partag%C3%A9s-par-les-animaux-et-les-hommes.
6. Damasio A. R., *L'Erreur de Descartes. La raison des émotions*, Paris, Odile Jacob, 2006.
7. Steigerwald E. S., Sarter M., March P., Podell M., « Effects of feline immunodeficiency virus on cognition and behavioral function in cats », *J. Acquir. Immune Defic. Syndr Hum Retrovirol.*, 1999, 20 (5), p. 411-419.
8. Beaufils J.-P., *Modifications du comportement induites par le virus de l'imuno-deficience féline (FIV) chez le chat*, mémoire pour l'obtention du diplôme de vétérinaire comportementaliste des Écoles vétérinaires françaises, 2001.
9. Buffington C. A., Chew D. J., Woodworth B. E., « Feline interstitial cystitis », J. Am. Vet. Assoc., 1999, 215, p. 682-687.
10. *Ibid.* et Buffington C. A., Westropp J. L., Chew D. J., Bolus R. R., « Clinical evaluation of multimodal environnmental modification (MEMO) in the management of cats with idiopathic cystitis », *J. Feline Med. Surg.*, 8 (4), p. 261-268.
11. Buffington C. A., Bain M., « Stress and feline health », *Vet. Clin. North Am Small Anim. Pract.*, 2020, 50 (4), p. 653-662.
12. Buffington C. A. « Pandora syndrome in cats : Diagnosis and treatment », *Today's Veterinary Practice*, automne 2018, p. 31-40, https://todaysveterinarypractice.com/urology-renal-medicine/pandora-syndrome-in-cats/.

13. Radosta L., *Veterinary Psychiatry Potpourri*, http://wsava2017.com/scientific-information/scientific-programme.html.
14. Denenberg S. (dir.), *Small Animal Veterinary Psychiatry*, Oxford, Cabi Editions, 2020.
15. Extrait d'un poème de T. S. Elliott cité par S. Hochet dans *Éloge du chat*, Paris, Léo Scheer, 2014.
16. Zola É., « Le paradis des chats », *in Nouveaux contes à Ninon*, 1874.
17. Ferlier U., *Campagne, ville ou environnement clos : quelle est l'influence du milieu de vie sur le répertoire comportemental du chat, à l'intérieur, chez ses propriétaires ?*, *op. cit.*
18. Vian B., *L'Arrache-cœur*, Paris, Le Livre de Poche, 1953.
19. Stubbs W. P. Bloomberg M. S., « Implications of early neutering in the dog and cat », *Seminars in Veterinary Medicine and Surgery (Small Animal)* 1995, 10 (1), p. 8-12.
20. Spain C. V., Scarlett J. M., Houpt K. A., « Long-terme risks and benefits of early-age gonadectomy in cats », *J. Am. Vet. Med. Assoc.*, 2004, 224, p. 372-379.
21. Kutzler M. A., « Possible relationship between long-term adverse health effects of gonad-removing surgical sterilization and luteinizing hormone in dogs », *Animals* 2020, 10 (4), p. 599.
22. Béata C., *Au risque d'aimer*, *op. cit.*
23. Mellor D. J. « Positive animal welfare states and encouraging environment-focused and animal-to-animal interactive behaviours », *N. Z. Vet. J.*, 2015, 63 (1), p. 9-16.
24. Agence nationale de sécurité sanitaire de l'alimentation, de l'environnement et du travail, 14, rue Pierre-et-Marie-Curie, 94701 Maisons-Alfort.
25. Béata C., *Au risque d'aimer*, *op. cit.*
26. Lodé T., *La Guerre des sexes chez les animaux*, Odile Jacob, 2007 ; *La Biodiversité amoureuse. Sexe et évolution*, Odile Jacob, 2011 ; *Pourquoi les animaux trichent et se trompent. Les infidélités de l'évolution*, Odile Jacob, 2013 ; *Histoire naturelle du plaisir amoureux*, Odile Jacob, 2021.
27. Béata C., (dir.), *L'Adolescence*, livre du congrès ZooPsy, Paris, 2017, Paris, collection « Zoopsychiatrie », 2017.
28. « Le chat d'extérieur est-il plus heureux que le chat d'intérieur ? », sur le site Wamiz, https://wamiz.com/chats/conseil/le-chat-doit-il-sortir-pour-etre-heureux-3459.html.
29. Béata C., *La Psychologie du chien*, *op. cit.*, chapitre 7 « Kim », p. 287.
30. Gunn-Moore D. A., Mcvee J., Bradshaw J. M., Pearson G. R., Head E., Gunn-Moore F. J., « Ageing changes in cat brains demonstrated by beta-amyloid and AT8-immunoreactive phosphorylated tau deposits », *J. Feline Med. Surg.*, 2006, 8, p. 234-242. Head E., Moffat K., Das P., Sarsoza F., Poon W. W., Landsberg G., Cotman C. W., Murphy M. P., « Beta-amyloid deposition and

tau phosphorylation in clinically characterized aged cats », *Neurobiol. Aging*, 2005, 26, p. 749-763.

31. Saint-Exupéry A. de, *Le Petit Prince*, écrit à New York en 1942.
32. AFVAC, Association française des vétérinaires pour animaux de compagnie, 40, rue de Berri, 75008 Paris.
33. Béata C., Beaudu-Lange C., Muller C., « Jusqu'où va-t-on dans les soins donnés à nos animaux de compagnie ? », *Revue vétérinaire clinique*, 2021, 56 (4), p. 157-169.
34. Méréo F., « Greffe de rein sur un chat : "Sauver une vie, quelle qu'elle soit, est gratifiant », *Le Parisien*, 21 août 2019.
35. Fink-Miller E. L., Nestler L. M., « Suicide in physiciens ans veterinarians : Risk factors and theories », *Curr. Opin. Psychol.*, 2018, 22, p. 23-26.
36. Von Muggenthaler E., « The felid purr : A bio-mechanical healing mechanism », *in 12th International Conference on Low Frequency Noise and Vibration and its Control*, conférence publiée à Bristol, Royaume-Uni.
37. Kipling R., « Le chat qui s'en va tout seul », *in Histoire comme ça*, Paris, Librairie Delagrave, 1903, https://fr.wikisource.org/wiki/Histoires_comme_ça_pour_les_petits/Le_Chat_qui_s'en_va_tout_seul.
38. Pionnier-Capitan M., Bemilli C., Bodu P., Célérier G., Ferrié J.-G., Fosse P., Garcià M., Vigne, J.-D., « New evidence for Upper Palaeolithic small domestic dogs in South-Western Europe », *Journal of Archaeological Science*, 2011, 38, p. 2123-2140.

Table

DU MÊME AUTEUR
CHEZ ODILE JACOB

Au risque d'aimer, 2013.

La Psychologie du chien, 2004.

Ouvrage proposé par Boris Cyrulnik

Cet ouvrage a été imprimé sur du papier
dont les fibres de bois proviennent
de forêts durablement gérées

Cet ouvrage a été composé
en Adobe Garamond Pro
par Nord Compo
à Villeneuve-d'Ascq (Nord)
et achevé d'imprimer
sur Roto-Page
par l'Imprimerie Floch à Mayenne
en décembre 2022

IMPRIM'VERT®

N° d'édition : 7381-5720-3– N° d'impression : 101719
Dépôt légal : octobre 2022

Imprimé en France